VERSTÄNDLICHE WISSENSCHAFT

SIEBENUNDFÜNFZIGSTER BAND

DIE BIOLOGIE DER BLÜTE

VON

FRITZ KNOLL

BERLIN · GÖTTINGEN · HEIDELBERG

SPRINGER-VERLAG

DIE BIOLOGIE DER BLÜTE

VON

DR. FRITZ KNOLL

PROFESSOR DER BOTANIK
DIREKTOR DES BOTANISCHEN INSTITUTS UND
GARTENS DER UNIVERSITÄT WIEN I. R.

1.–6. TAUSEND

MIT 79 ABBILDUNGEN

BERLIN · GÖTTINGEN · HEIDELBERG

SPRINGER-VERLAG

Herausgeber der Naturwissenschaftlichen Abteilung:
Prof. Dr. Karl v. Frisch, München

ISBN-13: 978-3-642-86221-2   e-ISBN-13: 978-3-642-86220-5
DOI: 10.1007/978-3-642-86220-5

Vorwort

Alle, die sich mit der Landwirtschaft, mit dem Garten- und Obstbau und mit der Forstwirtschaft befassen, haben andauernd mit Pflanzen zu tun, deren wichtigstes Kennzeichen die Blüte ist. Sie wissen, daß die Entstehung und Reifung der Früchte und Samen irgendwie mit dem Leben der Blüten zusammenhängt. Das gleiche gilt auch für die zahlreichen Blumenliebhaber. Wer aber über den wirtschaftlichen Ertrag der Arbeit und über den ästhetischen Genuß hinaus denkt und den Dingen und Erscheinungen auf den Grund gehen möchte, wird dazu gedrängt, Fragen zu stellen, deren Beantwortung das *Wesen der Blüte* betrifft. Diesen Wißbegierigen soll das vorliegende Buch ein kleiner Behelf sein für das wissenschaftliche Beobachten blühender Pflanzen und eine Anregung zu weiterem Nachdenken über die Lebensprobleme der Blüte. Auch den Studierenden der Naturwissenschaften kann es als erste Einführung dienen.

In den letzten Jahrzehnten hat unser Wissen von der Biologie der Blüte beträchtlich zugenommen. Neue Beobachtungen haben unsere Kenntnis von der Mannigfaltigkeit im Bereich der Blüte außerordentlich vermehrt. Vor allem aber haben Versuche, seit die Methode des Experiments in der Blütenbiologie ihre Anwendung fand, vieles, was früher im Leben der Blüte fraglich war, geklärt, Auffassungen gesichert, aber auch neue Probleme aufgerollt. Aus diesem überaus reichen Stoff eine Auswahl für eine knappe Darstellung zu treffen, war sehr schwer. Der Verfasser hatte dabei das Bestreben, neben den *wichtigsten Tatsachen* vor allem *die inneren Zusammenhänge unseres Wissens über die Biologie der Blüte* aufzuzeigen. Hinweise auf *die Geschichte der Blüte und ihrer Leistung,* so, wie wir sie uns heute vorstellen, sollten dabei die Gegenwart durch die Kenntnis der Vergangenheit verständlich machen.

Im vorliegenden Band sind dementsprechend neue Beobachtungen und Gedankengänge mit altem, gesichertem Wissen zu einer zeitgemäßen, aber leicht verständlichen Einheit verbunden.

Die eingehende Berücksichtigung der experimentellen Ergebnisse der letzten Zeit und auch die sehr zahlreichen neuen Abbildungen, die meistens nach eigenen Studien vom Verfasser selbst angefertigt wurden, verleihen dem Buch sein besonderes Gepräge. Da mit Recht in dieser Buchreihe die Entdecker und Erforscher der Tatsachen und die Urheber der Ideen ungenannt bleiben und lediglich die Ergebnisse zutage treten sollen, wird nur der engere Fachmann feststellen können, was hier an Neuem und Persönlichem geboten wurde. Darüber, ob dieses Buch das erstrebte Ziel erreicht hat, wird der Leser selbst zu entscheiden haben.

Schließlich möchte ich noch jenen danken, die mir bereitwilligst Bilder und Objekte für die Wiedergabe in diesem Buch zur Verfügung gestellt haben. Vor allem danke ich aber dem Herausgeber dieser Buchreihe, Herrn Professor von Frisch, für das große Verständnis, das er bei der Vorbereitung der Drucklegung gezeigt hat. Nicht zuletzt danke ich auch dem Verlag für sein weitgehendes Entgegenkommen, besonders aber dafür, daß er die Ausstattung des Buches mit so vielen neuen Abbildungen ermöglicht hat.

Trins (Tirol),
im Ansitz Anton Kerners von Marilaun,   **Fr. Knoll**
Sommer 1955

Inhaltsverzeichnis

A. Das Wesen der Blüte

Der Begriff Blüte. Bevor wir uns mit dem Bau und den Lebenserscheinungen der Blüte befassen, müssen wir uns darüber klar werden, was wir unter einer „Blüte" verstehen wollen. Dazu sei hervorgehoben, daß der Begriff „Blüte" in der Wissenschaft im Laufe der letzten Jahrhunderte eine fortschreitende Klärung und Einengung erfahren hat. Er ist heute eindeutig und folgerichtig und er entspricht in jeder Hinsicht den natürlichen Gegebenheiten und Erkenntnissen. Dagegen hat sich in der Unsicherheit und Unklarheit, die dem Begriff „Blüte" in der Umgangssprache anhaftet, in derselben Zeit nichts geändert. Dies sehen wir am besten, wenn wir mit einem Gärtner oder Blumenhändler über Blüten sprechen. Der Begriff „Blüte", wie er von den meisten Gärtnern verwendet wird, ist heute noch immer nicht eindeutig und er ist viel weiter, als der wissenschaftliche Begriff, was man in fast jedem Hefte einer gärtnerischen Fachzeitschrift feststellen kann. So bezeichnet der Gärtner gewöhnlich die Blüten einer Rose oder einer Nelke in der gleichen Weise als „Blüte" wie das aus vielen dicht aneinandergefügten Blüten bestehende Köpfchen, also den Blüten*stand* einer Dahlie, Aster oder Chrysantheme. Dazu kommt noch, daß das meist in gleicher Bedeutung verwendete Wort „Blume" bei den Gärtnern sowohl eine Blüte oder einen Blütenstand in unserem Sinn, als auch eine ganze blühende Pflanze bedeutet, was sich mit aller Klarheit aus den Wörtern „Blumenvase" und „Blumentopf" ergibt. Zum Zwecke einer einwandfreien Darstellung wird deshalb *in diesem Buche das Wort „Blüte" nur im Sinne des wissenschaftlichen Begriffes* Verwendung finden.

Wie kommen wir nun zu einem solchen Begriff „Blüte"? Für die Beantwortung dieser Frage müssen wir zunächst bestimmte Voraussetzungen schaffen und dabei auch einige wenige hiezu unentbehrliche andere Begriffe und Bezeichnungen festlegen.

Zweige mit regelmäßig angeordneter Beblätterung bezeichnen wir als *Sprosse*. In botanischen Büchern findet man dementsprechend häufig den Hinweis, daß man unter einer Blüte ein Sproß-Ende zu verstehen habe, das der Fortpflanzung dient. Eine solche Kennzeichnung ist jedoch ungenau, denn es gibt bei verschiedenen höheren Pflanzen beblätterte Zweig-Enden, die z. B. Brutzwiebeln entwickeln. Auch Brutzwiebeln dienen der Fortpflanzung der betreffenden Gewächse. Trotzdem kann man aber in einem solchen Falle nicht von einer Blüte sprechen. Wir müssen deshalb einschränkend hervorheben, daß wir *nur solche Sproß-Enden* als *Blüten* bezeichnen, *die der geschlechtlichen Fortpflanzung dienen*. In normalen Blüten entstehen nämlich mikroskopisch kleine und daher dem unbewaffneten Auge nicht sichtbare *weibliche und männliche Geschlechtszellen* (Keimzellen, Gameten). Ihre Vereinigung (Befruchtung) regt schließlich die Bildung von Samen und der in ihnen eingeschlossenen neuen Pflanzen an und führt damit zur Fortpflanzung. Wo und wie dies vor sich geht, werden wir später erfahren.

Die *Regel von der geschlechtlichen Fortpflanzung mit Hilfe der Blüten* hat aber, wie jede Regel im biologischen Geschehen, auch ihre *Ausnahmen*. So können manche Blütenpflanzen stets oder zeitweise auf eine Vereinigung ihrer weiblichen und männlichen Keimzellen verzichten und die weiblichen Gameten (Eizellen) für sich allein, also ungeschlechtlich, zur Entwicklung bringen, so daß in der zur Frucht sich entwickelnden Blüte keimfähige Samen entstehen. Man spricht dann von *Jungfernfrüchtigkeit* (Parthenokarpie). Bei manchen Pflanzenarten kann statt einer solchen unbefruchteten Eizelle auch eine andere Zelle ihrer nächsten Umgebung einen vollwertigen Keimling hervorbringen, so daß schließlich auch auf diese Weise ganz ohne Beteiligung von Geschlechtszellen keimfähige Samen zustande kommen. Wir sehen aber dabei, daß in den Blüten die geschlechtlichen Vorgänge stets irgendwie vorbereitet werden, wenngleich sie in bestimmten Fällen dann nicht zur Durchführung gelangen. Solche Fälle ungeschlechtlicher Samenbildung sind jedoch im Vergleich zu den normalen geschlechtlichen Vorgängen so überaus selten, daß die Regel von der geschlechtlichen Fortpflanzung mit Hilfe der Blüten bestehen bleibt. Es gibt überdies Pflanzen, die Blüten von äußerer Wohlgestalt hervorbringen, aber nicht nur auf die Ausbildung von Gameten verzichten, sondern auch auf die Samenbildung, so daß aus den Blüten *samenlose Früchte* entstehen, die den samenhaltigen der nächsten verwandten Arten und Spielarten im Aussehen oft vollständig gleichen. In der menschenfreien Natur müßten solche Pflanzenformen unfehlbar aussterben, wenn ihnen andere Mittel zur Fortpflanzung fehlen. Bei verschiedenen Kulturpflanzen, die sich so verhalten, hat aber der Mensch eingegriffen und die *Fortpflanzung durch die Herstellung künstlicher Ableger* (Stecklinge) selbst in die Hand genommen, wodurch diese Pflanzenformen mit Hilfe des Menschen dauernd erhalten bleiben können, was für unsere Wirtschaft oft von großer Bedeutung ist.

Wie sehen nun solche im wissenschaftlichen Sinn als Blüten zu bezeichnende Sproß-Enden aus? Während die meisten Blätter einer Blütenpflanze eine grüne Färbung besitzen — wir nennen sie Laubblätter —, weicht die *Farbe* aller oder bestimmter Blätter einer Blüte gewöhnlich von diesem Grün ab: sie kann gelblichgrün sein, gelb, gelblichrot, rein rot, bläulichrot (purpurn), violett, blau oder weiß. Solche *Blütenblätter* sind entweder einfarbig oder sie zeigen zwei oder mehrere dieser Farben nebeneinander, so daß auf den Blütenblättern bestimmte Zeichnungen entstehen. Die Farben können sehr gesättigt (rein) sein, oder in verschiedenem Ausmaße Weiß enthalten, wodurch die Blütenblätter dann blaßgelb, rosenrot usw. erscheinen. Daneben gibt es auch noch Blütenarten, deren Blätter größtenteils grün sind wie die Laubblätter, aber oft verhältnismäßig klein. Blüten solcher Beschaffenheit werden von den meisten Menschen nicht beachtet und sie gelten deshalb nicht als „Blumen". In ihren Lebensäußerungen sind jedoch die vorwiegend grünen Blüten nicht weniger bemerkenswert als auffallender gefärbte. In den allermeisten Fällen besitzen aber selbst bei grünblättrigen Blüten mindestens die Beutel der Staubblätter eine mehr oder weniger gelbe Färbung.

Wichtig, auch für die biologische Beurteilung der Blüten, ist die Unterscheidung der Blütenblätter in solche, die unmittelbar mit der Geschlechtsfunktion zusammenhängen und deshalb auch *Geschlechtsblätter* heißen, und in solche, die diese wesentlichsten Teile der Blüte umgeben und demnach in ihrer Gesamtheit als *Blütenhülle (Perianth)* bezeichnet werden. Bei sehr vielen Blüten sind die äußeren Hüllblätter grün, die inneren aber anders gefärbt. Man nennt dann die grüne Hülle den *Kelch*, die andersfarbige die *Blumenkrone*. Dies sehen wir z. B. bei der wilden Rose und bei der Gartennelke. Blütenhüllen von einheitlicher Färbung heißt man *Perigone*. Diese können grün sein, wie bei den Brennesseln (Urtica-Arten), oder von anderer Färbung wie bei den Tulpen und bei der Weißen Lilie. Auch hinsichtlich ihrer *Größe* und ihrer *Gestalt* weichen die Blütenblätter meist stark von den benachbarten Laubblättern ab.

Die Blüte der weißen Lilie. Um dem biologischen Verständnis der Blüte und ihrer Teile näherzukommen, sei der Leser nun eingeladen, mit uns in einen sommerlichen Garten zu gehen. Unter den zahlreichen Arten von Blumen, deren Anblick und Duft uns dort erfreut, wollen wir eine der bekanntesten auswählen und genauer betrachten: die Weiße Lilie (Lilium candidum). Ihr schlanker aufrechter Stengel, der seiner ganzen Länge

Abb. 1. Blütenstand der *Weißen Lilie.*
($^1/_4$ d. nat. Größe)

nach in schraubiger Anordnung zahlreiche schmale Laubblätter trägt, zeigt in seinem obersten Teil eine einfache Verzweigung. Jeder der dort in den Achseln dieser grünen Blätter gebildeten kurzen Seitenäste, die mit kleinen unscheinbaren schuppenförmigen Blättchen locker besetzt sind, endet mit einer ansehnlichen Blüte (Abb. 1), deren 6 rein weiße, große Blätter (Perigonblätter) so auffallend in die Ferne wirken, daß man die grün und gelb gefärbten Teile der Blüte nicht beachtet und einfach sagt, die Lilien hätten weiße Blüten. Diese weißen Blätter umgeben als *Blütenhülle* die *Geschlechtsblätter* der Blüte (Abb. 2 und 3).

4

Bei der Weißen Lilie sind alle Blätter der Blütenhülle annähernd gleich geformt, so daß man, wie bei sehr zahlreichen anderen Blütenarten, mehrere *Symmetrie-Ebenen* durch die Blüte legen kann. Sie ist demnach *radiär* (*strahlig*) gebaut. Viele Blütenhüllen

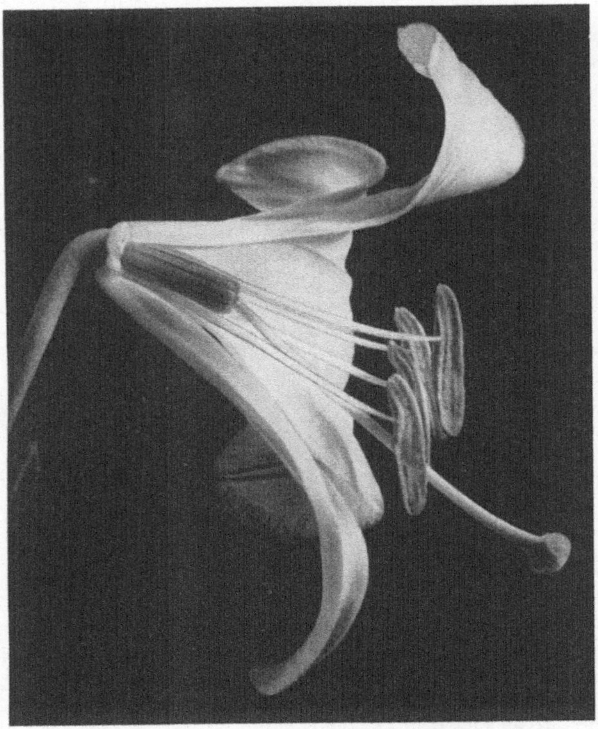

Abb. 2. Blüte der *Weißen Lilie*, bald nach dem Aufblühen. Einblick von der Seite nach Wegnahme eines Blütenhüllblattes und zweier Staubblätter (Nat. Gr.)

mit schräger oder horizontaler Achse, z. B. die der Schmetterlingsblütler, Lippenblütler, Rachenblütler und unserer Orchideen zeigen dagegen nur eine einzige Symmetrie-Ebene. Die Oberseite (Rückenseite) der Blütenhülle ist hier von ihrer Unterseite (Bauchseite) meist stark verschieden. Solche Blüten nennt man deshalb *dorsiventral* (*zygomorph*). Zwischen diesen beiden Bauarten der Blüten, an denen sich auch die Geschlechtsblätter mehr oder weniger beteiligen, gibt es mannigfache Übergänge. Die zuletzt genannte Bauart

5

spielt, wie wir noch sehen werden, im Leben der Blüten oft eine besondere Rolle.

Innen am Grunde der trichterförmig zusammengefügten freien Blütenhüllblätter der Weißen Lilie entspringen 6 schmale weiße Stiele, die an ihrem Ende je ein zunächst fast 2 cm langes sattgelbes

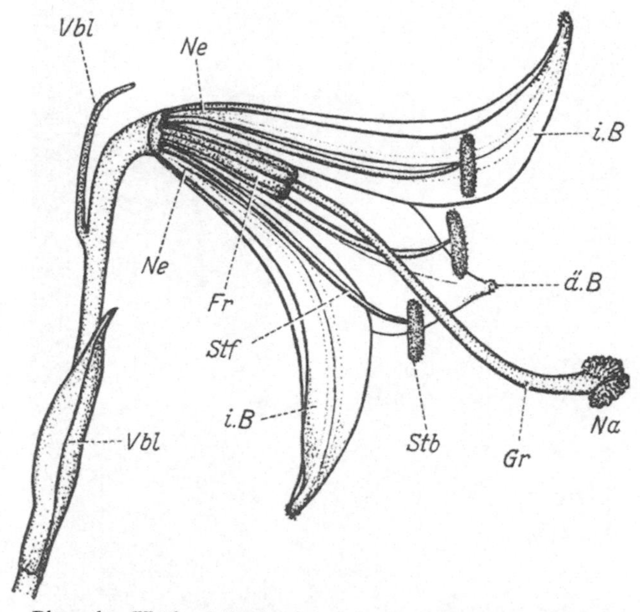

Abb. 3. Blüte der *Weißen Lilie*, kurz vor dem Verblühen. Einblick von der Seite nach Wegnahme von 3 Blütenhüllblättern und 3 Staubblättern ($^3/_4$ d. nat. Gr.). Darstellung zur richtigen Benennung der Blütenteile: *Vbl* Vorblatt; *iB* inneres, *äB* äußeres Blatt der Blütenhülle; *Ne* Nektargrube der Hüllblattbasis; *Fr* Fruchtknoten; *Gr* Griffel; *Na* Narbe; *Stf* Staubfaden; *Stb* Staubbeutel, am Ende des Blühens durch Austrocknung sehr stark verkürzt, Pollen fast entleert

Gebilde von elliptischer Form tragen. Es sind dies die *Staubfäden* (Filamente) mit ihren hier beweglich angebrachten *Staubbeuteln* (Antheren). Staubfaden und Beutel bilden zusammen das *Staubblatt oder Staubgefäß*. Jeder Staubbeutel enthält 4 *Pollensäcke* (Abb. 4), die sich später zu 2 Pollenfächern vereinigen. Nach dem Öffnen der Blüte schlagen sich die das Fach begrenzenden Klappen zurück und der an ihnen klebende Pollen wird freigegeben. Schließlich zeigt diese „weiße" Blüte noch ein längliches, zentral gelegenes grünes Gebilde, den *Stempel* (Pistill), der aus der Mitte des Blütenbodens entspringt und mit seinem freien Ende in den offenen Teil der Blüten-hülle emporragt, geradeso wie die zum Zerstampfen dienende (und daher früher „Stempfel" und auch „Stämpel" genannte) Keule des Mörsers dessen Mündung überragt. Bei der Weißen Lilie sind alle Teile des Stempels gut ausgebildet: der Fruchtknoten, der Griffel und die Narbe. Das hier knopfförmige obere Ende, die dreilappige *Narbe* (Stigma), ist mit kleinen feuchten Vorsprüngen, den Narbenpapillen (Narbenhaaren) dicht besetzt. Sie geht, sich rasch verschmälernd, in den schlanken *Griffel* über, der einem viel dickeren, etwa 1,5 cm langen, annähernd zylindrischen Behälter, dem *Fruchtknoten*, auf-sitzt. In den 3 Fächern dieses Be-hälters stehen an kurzen Stielen in je 2 Längsreihen angeordnet zahl-reiche fast 1 mm lange eiförmige Gebilde (Abb. 5). Man hat sie seinerzeit als die Eier (Ei-chen, Ovula) der Pflanze betrachtet und so auch bezeichnet, da sich später in ihnen geradeso eine junge Pflanze (Keimling, Embryo) entwickelt, wie im Vogelei der junge Vogel. Ein solcher Vergleich stimmt aber nur in diesem einen Punkte, im

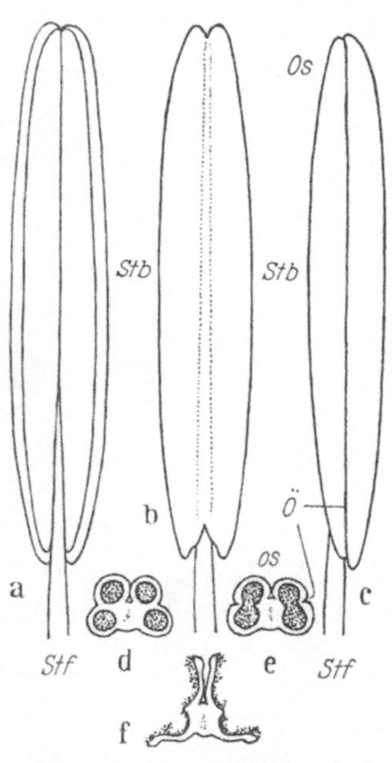

Abb. 4. Der fertige, aber noch ge-schlossene Staubbeutel der *Weißen Lilie:* a Ansicht vom Griffel her (Oberseite des Beutels), b Ansicht von einem Hüllblatt aus (Unter-seite), c Seitenansicht. d—f Quer-schnitt durch die Mitte eines Staubbeutels: d noch unreif, die 4 Pollensäcke zeigend; e je 2 reife Pollensäcke haben ihren Inhalt vereinigt, unmittelbar vor dem Öffnen; f Pollenfächer geöffnet, mit zurückgeschlagenen Klappen, die innen von Pollen bedeckt sind. *Stb* Staubbeutel, *Stf* Staubfaden, *Os* Oberseite, *Ö* Öffnungsspalt (Vergr. fast 3mal.)

übrigen ist er heute nicht mehr zutreffend. Wir bezeichnen deshalb diese pflanzlichen „Ei-chen" nunmehr besser als *Samenanlagen,* da sich aus ihnen die den *Keimling* enthaltenden *Samen* entwickeln.

Die Samenbildung. Wann und wie entstehen nun in einer solchen Blüte die Samen? Um die dazu führenden Vorgänge zu verstehen, müssen wir uns noch genauer mit den erwähnten

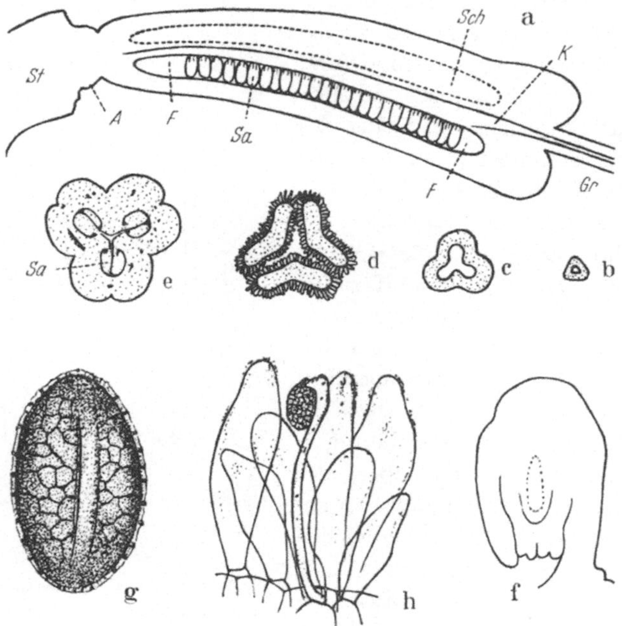

Abb. 5. Blütenteile der *Weißen Lilie*. a Fruchtknoten der Länge nach aufgeschnitten, in natürlicher Stellung: *St* Blütenstiel, *A* Ansatzstelle der Blütenhülle und der Staubblätter, *Gr* Griffelbasis mit Griffelkanal, *Sch* Scheidewand des Fruchtknotens, dahinter ein Fruchtknotenfach (gestrichelter Umriß), *F* ein Fach durchschnitten, mit zahlreichen, dicht gestellten Samenanlagen *(Sa)*, *K* Mündung des Griffelkanals im Fruchtknoten. b Querschnitt durch den Griffel an seiner Basis, c unterhalb der Narbe (Griffelkanal mit 3 Längsrinnen), d durch die 3 behaarten Narbenlappen; e Querschnitt durch die Mitte des Fruchtknotens, mit Samenanlagen *(Sa)* in den 3 Fruchtknotenfächern. f längs durchschnittene Samenanlage, Ansicht wie in Abb. e, Umriß des Embryosackes punktiert. g Pollenkorn (mit wabiger Oberfläche) von der Seite; h ein Pollenkorn hat im Schleim zwischen den Narbenhaaren einen Schlauch getrieben (a—e Vergr. $3^{1}/_{2}$mal, f 22mal, g 370mal, h 60mal.)

Staubblättern befassen. Wir wollen deshalb unsere Betrachtung der Lilienblüte fortsetzen. Berührt man ihre offenen Staubbeutel mit dem Finger, dann verbleiben an der Fingerspitze kleine, sattgelbe etwas rauhe Flecken. Untersucht man diese gelben Massen unter dem Mikroskop bei stärkerer Vergrößerung, dann sieht man, daß sie aus zahlreichen kleinen Gebilden (Körnern, Abb. 5 g) von elliptischem Umriß bestehen, die von einem gelben Öl bedeckt und durch dieses untereinander zu beweglichen Gruppen (Klumpen) verbunden sind. Der Längsdurchmesser eines Korns beträgt hier weniger als 0,1 mm. Bevor man derartige Körner bei der Lilienblüte im Mikroskop gesehen hatte, bemerkte man schon mit freiem Auge bei den im Frühjahr vor dem Laubausbruch erscheinenden Blüten und Blütenkätzchen verschiedener Bäume und Sträucher (z. B. bei der Föhre und beim Haselstrauch), daß sie einen gelben Staub von sich geben, der bereits bei einer leichten Berührung der Zweige wie eine kleine Wolke in die Luft hinaustritt und vom Winde verweht wird. Man nannte solchen Staub den „*Blütenstaub*" oder auch *Pollen*, was in der lateinischen Sprache nichts anderes als Staub oder Mehl bedeutet. Später stellte man mit Hilfe des Mikroskops fest, daß dieser Staub aus kleinen rundlichen oder länglichen *Körnern (Pollenkörnern)* besteht, die jenen in der klebrigen Masse des Staubbeutels der meisten anderen Blütenpflanzen und damit unserer Weißen Lilie gleichzusetzen sind. Man sprach selbst in diesen Fällen weiterhin von Blütenstaub, wenngleich die Körner infolge ihres klebrigen Ölüberzuges nicht mehr als Staubwölkchen die Blüte verlassen können.

Welches Schicksal haben nun die Pollenkörner in den Blüten? Wenn sie durch irgend eine äußere Einwirkung auf die stets feuchten Papillen oder Haare der Narben derselben Pflanzenart gelangen, dann runden sie sich durch Wasseraufnahme aus der Narbenflüssigkeit kugelig ab und es wächst aus ihnen meist je *ein farbloser Schlauch (Pollenschlauch*, Abb. 5 h*)* heraus. Dieser dringt bei der Weißen Lilie im Narbenschleim zwischen den Papillen gegen den Kanal vor, der von den Narbenlappen ausgehend den Griffel seiner ganzen Länge nach durchzieht. In dem etwa 5 cm langen schmalen Hohlraum bewegt sich der Pollenschlauch immer weiter gegen den Fruchtknoten zu, gelenkt und genährt durch verschiedene Substanzen, die ihm auf seinem Wege begegnen. So gelangt er in einen der 3 Hohlräume des Fruchtknotens und dringt schließlich, chemisch angelockt, in eine der dort befindlichen *Samenanlagen* ein. Nun muß noch eine wichtige Tatsache hervorgehoben werden: im Pollenschlauch haben sich während seines fortschreitenden langen Wachstums in seinem Endabschnitt 2 kleine *männliche Geschlechtszellen* (männliche Gameten, Spermien) ausgebildet, die er schließlich durch seine verschleimende Spitze im Innern der Samenanlage entleert. Eine der männlichen Zellen vereinigt sich dann dort mit der *weiblichen Geschlechtszelle* (weiblicher Gamet, Eizelle), die dadurch „*befruchtet*" wird. Sie kann sich jetzt teilen und

Abb. 6. *Sprossender Bärlapp* mit sporenbildenden Zweig-Enden (Nach K. GERHARD, $^1/_2$ d. nat. Gr.)

mit Hilfe der in ihrer Umgebung vorhandenen Baustoffe weiter entwickeln, bis aus ihr der vielzellige *Keimling*, aus der Samenanlage der den Keimling umschließende *Same*, und aus der Blüte eine samenhaltige *Frucht* geworden ist.

Diese Einzelheiten vom Bau und der Leistung der Blüte müssen wir uns gut einprägen, denn sie bilden die unerläßliche Voraussetzung für das Verständnis aller Zustände und Vorgänge, die wir an den Blüten kennen lernen werden.

Die Fortpflanzung der Bärlappgewächse. Um zu einer zeitgemäßen Auffassung über das Wesen der Blüte und zu einem wirklich eindeutigen Begriff „Blüte" zu gelangen, wollen wir aber auch noch einen anderen Weg der Betrachtung wählen. Wir wollen zunächst von den Farngewächsen einen Bärlapp genauer ansehen, u. zw. den *Sprossenden Bärlapp* (Lycopodium annotinum, Abb. 6), der in unseren Bergwäldern vorkommt. Seine auf dem Waldboden weit dahinkriechenden bewurzelten Zweige sind gleichmäßig mit nadelförmigen grünen Blättern besetzt. Diese horizontalen Sprosse

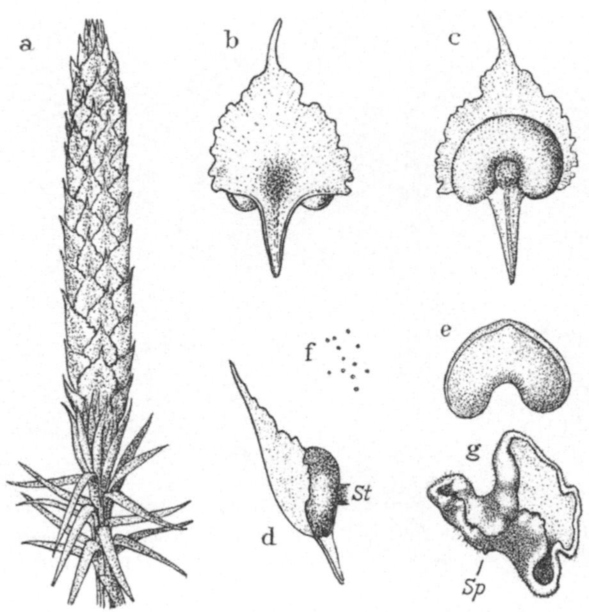

Abb. 7. *Sprossender Bärlapp*. a aufrechtes sporenbildendes Zweig-Ende (Vergr. 2mal); b, c, d Sporenblatt (9mal), b von der Unterseite (Außenseite), c von der Oberseite (Innenseite), der nierenförmige Sporenbehälter sichtbar, d von der Seite (*St* Stiel); e der Sporenbehälter vom Tragblatt losgetrennt, den quer verlaufenden Öffnungsspalt zeigend, f Sporen bei derselben Vergrößerung (9mal); g verzwergte Geschlechtspflanze (Vorkeim, nach H. BRUCHMANN), an der Spitze des kleinen Vorsprungs *Sp* befand sich bei der Keimung die Spore (2mal)

senden später zahlreiche abstehend beblätterte Äste in den Luftraum empor, wo sie in aufrechtem Wuchs mit einer deutlich abgegliederten gelblichen und zuletzt bräunlichen *Keule* enden. Wo ein solcher aufrechter Zweig in die Keule übergeht, legen sich seine sonst fast rechtwinklich abstehenden schmalen Blätter eng dem Stengel an (Abb. 7a). Die Blätter der Keule sind dagegen

stark verbreitert, schuppenförmig und zunächst dicht aneinander
gefügt. Während man in den Achseln der übrigen Blätter nichts
Auffallendes bemerkt, sieht man an der Oberseite der Blattbasen
des keulenförmigen Endabschnittes kleine, sich schließlich beim
Austrocknen mit einem Querriß öffnende gelbe Behälter, die ein
leicht verstäubendes feines Mehl enthalten. Dieses *Bärlapp-Mehl*

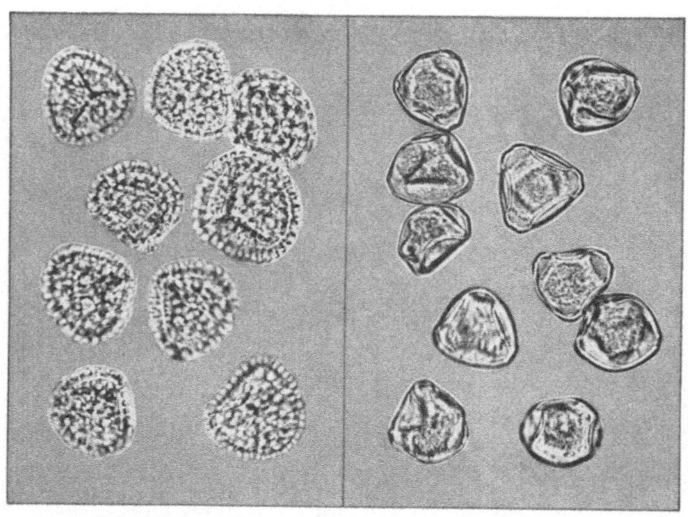

Abb. 8. Links käufliches *Bärlapp*-Pulver, rechts lufttrockener Blütenstaub der
Haselkätzchen, beides in Paraffinöl betrachtet (Vergr. 400mal)

hat man früher in den Apotheken als trocknendes Streupulver u. a.
für die Behandlung von Säuglingen verkauft. Es zeigt sich uns im
mikroskopischen Bild aus kleinen Körnchen zusammengesetzt,
die der durchschnittlichen Größe von Pollenkörnern entsprechen
(Abb. 8 links). Sie besitzen auf ihrer grubigen Oberfläche keinerlei
klebrige Substanzen und sie werden deshalb ebenso leicht von
Luftströmungen erfaßt und verweht wie der Blütenstaub eines
Haselstrauches (Abb. 8 rechts). In einem geeigneten Boden und bei
entsprechender Feuchtigkeit entwickelt sich aus jedem Körnchen
des Bärlapp-Pulvers eine kleine bleiche Pflanze von besonderer
Prägung („Vorkeim“ genannt, Abb. 7g), die mit der keulenbilden-
den beblätterten Mutterpflanze nicht die geringste Ähnlichkeit

hat. Dieser meist unterirdisch wachsende und sich mit Hilfe von bestimmten Pilzfäden ernährende „*Vorkeim*" ist unregelmäßig gekrümmt und gelappt und vollständig blattlos. An ihm entstehen erst nach einigen Jahren nebeneinander in gesonderten Behältern *weibliche und männliche Keimzellen* (Gameten). Sind die Gameten reif geworden und ist vom Regen oder Tau genügend Wasser vorhanden, dann schwimmen die männlichen Gameten (Spermien) mit Hilfe von eigenen Bewegungsorganen (Geißeln) aktiv zu den unbeweglichen weiblichen Gameten (Eizellen) und vereinigen sich mit ihnen. Aus einem jeden Vereinigungsprodukt beider Gametenformen entwickelt sich dann noch im Zusammenhang mit dem „Vorkeim" eine beblätterte Bärlapp-Pflanze.

Zellen, die sich von einer Pflanze loslösen und für sich allein in geeigneter Umwelt eine neue Pflanze hervorbringen können, nennen wir *Sporen*. Es sind demnach auch die einzelnen Körner des Bärlapp-Pulvers als Sporen zu bezeichnen, ihre Behälter an den Blattbasen als *Sporenbehälter* (Sporangien, Abb. 7c, d, e). Die systematische Art Lycopodium annotinum besteht somit immer aus zwei einander zeitlich ablösenden selbständigen Formen von Pflanzen-Individuen: aus einer kleinen blattlosen Zwergform (Vorkeim) als Gametenpflanze und aus einer großwüchsigen reich beblätterten Großform als Sporenpflanze. Diese Großform ist jene Pflanze, die man schlechthin als „die Bärlapp-Pflanze" bezeichnet. Abgesehen von dem regelmäßigen Wechsel der Wuchsform gibt es also bei dieser Bärlapp-Art auch einen damit verknüpften Wechsel der Fortpflanzungsform. Einen solchen *regelmäßigen Wechsel der Fortpflanzungsform* innerhalb ein und derselben Organismenart hat man als *Generationswechsel* bezeichnet. Unser Bärlapp besitzt demnach einen deutlich ausgeprägten Generationswechsel.

Die Fortpflanzung der Moosfarne. Ähnlich verhält sich eine andere Pflanzenfamilie, die der Bärlappfamilie nahesteht, die Familie der *Moosfarne* (Selaginellaceae). Sie enthält in der einzigen Gattung *Selaginella* neben sehr zahlreichen tropischen auch zwei bei uns einheimische Arten (Abb. 9). Alle diese Arten zeigen einen deutlichen Formwechsel und Fortpflanzungswechsel (Generationswechsel). Von den Bärlappgewächsen unterscheiden sie sich aber dadurch, daß sie an derselben beblätterten Pflanze *zweierlei Sporen von sehr verschiedener Größe* erzeugen, *Großsporen* und *Kleinsporen*

(Abb. 10). Aus beiden Sporenarten entwickeln sich blattlose Zwergpflanzen („Vorkeime"), die teilweise von der Sporenhaut umschlossen bleiben: aus den Großsporen größere Zwergpflanzen (Zwergweibchen, Abb. 10 g), die weibliche Gameten erzeugen, und aus den Kleinsporen winzige Zwergpflanzen (Zwergmännchen, Abb. 10 h), die nur männliche Gameten hervorbringen. Bei einer Überflutung durch Regen oder Tau tritt dann die Befruchtung der weiblichen Gameten (Eizellen) ein und es entstehen aus ihnen die beblätterten Großpflanzen. Die Moosfarne treten also stets in drei verschiedenen Wuchsformen auf: in einer großwüchsigen Sporenpflanze, in einer verzwergten weiblichen Gametenpflanze und in einer noch mehr verzwergten männlichen Gametenpflanze. Nehmen wir die spätere Entwicklung der Sporen vorweg, dann können wir die Großsporen auch als weibliche und die Kleinsporen als männliche Sporen bezeichnen.

Abb. 9. *Schweizer Moosfarn (Selaginella helvetica)*, rechts oben mit Sporenbehältern. (Photo A. WAGNER, Bot. Inst. d. Univ. Innsbruck. Nat. Gr.)

Die Blütenpflanzen als Sporenpflanzen. Was hat nun alles dies mit unserer Lilienblüte und mit den Blüten überhaupt zu tun? Den Schlüssel zur Beantwortung dieser Frage gibt die erst im Laufe des vorigen Jahrhunderts erkannte Tatsache, daß die *Pollenkörner* unmittelbar nach ihrer Entstehung aus ihren Mutterzellen, und damit auch die Pollenkörner der weißen Lilie (Abb. 5 g), den *Kleinsporen der Moosfarne* entsprechen. Wo finden wir nun aber bei den Blütenpflanzen die dazu gehörigen *Großsporen?* Wir finden sie auch bei der Lilienblüte mit Hilfe der mikroskopischen Untersuchung als eine annähernd eiförmige Abgrenzung im Innern jeder Samenanlage (S. 8, Abb. 5 f, punktierter Umriß). Man hat dieser Großspore, bevor man ihre eigentliche Natur erkannt hatte, bei den Blütenpflanzen den Namen *Embryosack-Mutterzelle* gegeben, da

14

sich aus ihr der Embryosack zu entwickeln pflegt. (Die Bezeichnung Embryosack ist auch heute noch üblich.) Der *Embryosack* ist das *Zwergweibchen* und der aus dem Pollenkorn hervorkommende *Pollenschlauch* das *Zwergmännchen*. Diese beiden Arten der Zwergformen

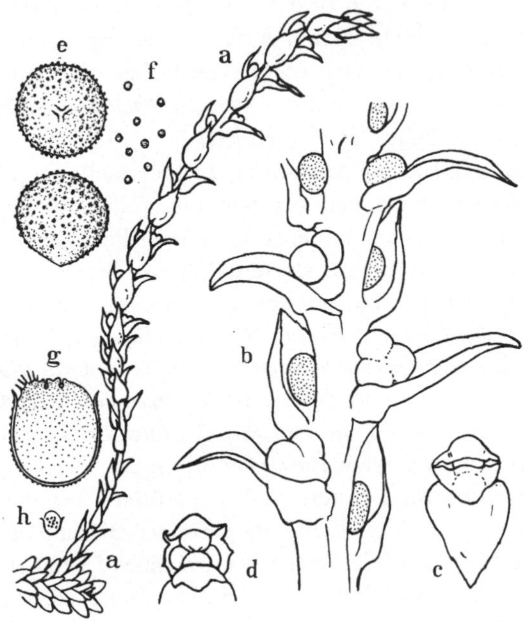

Abb. 10. *Schweizer Moosfarn.* a Etwas geneigtes aufrechtes Sproßende mit reifen Sporenbehältern (Vergr. 2,7mal); b dessen Mittelstück, von unten gesehen, in den Blattachseln Großsporenbehälter und Kleinsporenbehälter (letztere punktiert wiedergegeben); c Großsporenbehälter mit Tragblatt von vorn gesehen, am Beginn des Öffnens durch einen Querspalt, d dieser weiter geöffnet, alle 4 Großsporen sichtbar (10mal); e zwei Großsporen in verschiedener Ansicht, daneben f einige Kleinsporen (36mal); g in der Haut einer gekeimten Großspore ein Zwergweibchen eines Moosfarns mit 2 Eizellenbehältern, schematischer Längsschnitt (36mal), darunter h in der Haut einer gekeimten Kleinspore ein Schleimtropfen, der aus dem winzigen Körper des Zwergmännchens entstanden ist und eine Anzahl von männlichen Gameten enthält, schematischer Längsschnitt (90mal)

erzeugen dann auch bei den Blütenpflanzen die zur Befruchtung und damit zur Keimlingsbildung erforderlichen Gameten.

Daraus ergibt sich nun, daß die Blütenpflanzen höchst kompliziert zusammengesetzte Organismen sind. Die Großform und die Zwergweibchen, die sich bei den Moosfarnen voneinander getrennt entwickeln, sind bei den Blütenpflanzen sozusagen ineinander geschachtelt und dabei zu einer vollkommenen Einheit verschmolzen. Es ist deshalb gestattet, von „*Individuen*" der Blütenpflanzen zu sprechen.

Diese Erkenntnisse, die zu den großartigsten botanischen Entdeckungen des vorigen Jahrhunderts gehören, haben es nachträglich gerechtfertigt, daß man schon viel früher von den *Stempeln* als den *weiblichen Organen* und von den *Staubblättern* als den *männlichen Organen der Blüte* gesprochen hat.

Zurückblickend zu den Ausführungen über die Bärlapp-Pflanzen und die Moosfarne können wir nun mit vollem Recht die beblätterten Sproß-Enden, an denen bei diesen Pflanzen die Sporen gebildet werden, als Blüten ältester Prägung bezeichnen. Damit hat sich der Kreis geschlossen und wir sind nun imstande, *für die eigentlichen Blütenpflanzen (Anthophyten) den Begriff „Blüte" folgendermaßen zu fassen: als Blüte bezeichnen wir jene in ihrer Beblätterung von den übrigen Sprossen der Pflanze verschiedenen und dadurch deutlich abgegrenzten Sproß-Enden, die normalerweise entweder Großsporen oder Kleinsporen, oder beide nebeneinander hervorbringen.*

Formenreichtum, Blühen und Verblühen. Bei der weißen Lilie haben wir eine Ausbildung der einzelnen Blütenteile kennengelernt, die für diese Pflanzenart kennzeichnend ist. Bei anderen Arten der Lilien verhalten sich dieselben Teile wieder in verschiedener Hinsicht anders, und nach diesen Verschiedenheiten pflegen wir unter Einbeziehung des Verhaltens anderer Teile des Pflanzenkörpers die einzelnen Arten zu kennzeichnen und wiederzuerkennen. Da der *Formenreichtum der Blütenteile* weit größer ist als der der Belaubung und der Bewurzelung, und dabei in weitem Ausmaße beständig, hat das Verhalten der Blüten und der aus ihnen hervorgehenden *Früchte* die größte Bedeutung für die systematische Anordnung der Arten innerhalb der vorhandenen Mannigfaltigkeit. Ihre Merkmale sind deshalb die wichtigsten *Bestimmungsmerkmale* für die Einordnung und das Wiederfinden innerhalb der überaus großen Artenzahl der Blütenpflanzen.

Diese *Mannigfaltigkeit im Bau und in der Leistung der Blüten* erschließt sich der Umwelt, wenn sich die *Blütenknospe* geöffnet hat. Es folgt nun eine bei den einzelnen Pflanzenarten verschieden lange Zeit des *Blühens*, während sich in den Blüten oft auffallende

Veränderungen zeigen. Die Befruchtung wird angebahnt und meistens auch durchgeführt. Auf das Blühen folgt das *Verblühen*, rasch oder ganz allmählich. Dabei fallen früher oder später einzelne Blütenteile ab, entweder anscheinend unverändert und prall, oder in welkem oder vertrocknetem Zustand. Hat keine Befruchtung stattgefunden, dann lösen sich oft alle Teile der weiblichen und der zwittrigen Blüten rasch von der Pflanze los, oder es verbleiben einige von ihnen verschieden lange Zeit an dem Orte ihrer Entstehung. Nach und nach vertrocknen auch diese, und sie werden schließlich durch die Wirkung der wechselnden Witterung zerstört. Wenn aber eine Befruchtung zustande kam, dann beginnen die weiblichen Teile der Blüten anzuschwellen und sie bleiben in fester Verbindung mit dem Blütenstiel, während die äußeren Teile dieser Blüten sich gewöhnlich von ihm loslösen und abfallen. Die rein männlichen Blüten haben dagegen annähernd zu derselben Zeit ihre Tätigkeit beendet, die Staubblätter und andere Teile sind abgetrennt oder an der Pflanze vertrocknet, und häufig fallen die männlichen Blüten und Blütenstände auch als Ganzes ab. Die weibliche oder zwitterige Blüte verwandelt sich nun in die *Frucht*, und die *Samen* werden schließlich reif.

Die Verteilung der Geschlechter. In der Blüte einer Weißen Lilie finden wir, wie wir gesehen haben, nebeneinander weibliche Organe und auch männliche Organe. Alle Blüten, die eine solche Lilienpflanze trägt, sind von dieser Beschaffenheit. Hier und bei vielen anderen sich ebenso verhaltenden Pflanzenarten spricht man deshalb von *zwitterigen Blüten* und dementsprechend auch von zwitterigen Pflanzen. Es gibt aber auch Pflanzenarten, deren Individuen nur eingeschlechtige, also *weibliche Blüten* und *männliche Blüten* entwickeln. Die Blüten enthalten dann nur einerlei brauchbare Geschlechtsorgane und von den anderen Geschlechtseinrichtungen entweder nichts oder nur unbrauchbare, hinsichtlich Gestalt und Größe mehr oder weniger verkümmerte Reste. Nach Bau und Leistung kann man diese beiden Blütenformen auch als *Fruchtblüten (Samenblüten)* und als *Staubblüten (Pollenblüten)* bezeichnen. Pflanzen, die auf einem und demselben Individuum weibliche und männliche Blüten tragen, heißt man *einhäusige Pflanzen*. Wir finden sie in dieser Ausbildung beispielsweise bei der Rotbuche, Weißbuche, Hasel, Birke und verschiedenen anderen Laubbäumen, aber auch bei manchen Kräutern, sowie bei den meisten Nadelhölzern. Sind die weiblichen und die männlichen Blüten voneinander gesondert auf bestimmte Individuen verteilt, so daß jedes von ihnen nur das weibliche oder das männliche Geschlecht zur Geltung bringt, dann spricht man von *zweihäusigen Pflanzen,* für die wir neben anderen in der Eibe und in der Dattelpalme ein gutes Beispiel besitzen. Bei diesen Arten gibt es demnach auch *weibliche und männliche Pflanzen.* Kommen zwitterige mit eingeschlechtigen Blüten gemeinsam auf einem und demselben Pflanzenindividuum vor, dann nennt man solche Pflanzen *vielehig.* So verhält sich z. B. der Kleine Wiesenknopf (Sanguisorba minor, Abb. 11). Auch die Roßkastanie bringt meistens auf einem und demselben Blütenstand sowohl zwitterige, als auch rein weibliche und rein männliche Blüten hervor. Zwischen diesen Extremfällen in

Abb. 11. Blütenstände des *Kleinen Wiesenknopfs.* Links: in weiblichem Zustand, weibliche Blüten offen mit freien Narbenpinseln, männliche Blüten (unten) noch geschlossen. Rechts: in männlichem Zustand, Staubbeutel an dünnen Fäden herabhängend, weibl. Blüten (oben) verblüht, Zwitterblüten hier nicht erkennbar ($^3/_2$)

der Verteilung der Geschlechtseinrichtungen auf verschiedene Blüten- und Pflanzenindividuen gibt es mancherlei Übergänge und verschiedene Hemmungen der weiblichen und der männlichen Einrichtungen. Alle diese Möglichkeiten hier im einzelnen aufzuzeigen, würde aber viel zu weit führen. Wir wollen nur an der Tatsache festhalten, daß hinsichtlich der Geschlechterverteilung eine große Mannigfaltigkeit vorliegt. Bei manchen Pflanzenarten sind die weiblichen und die männlichen Individuen während ihrer Blütezeit schon aus der Ferne leicht voneinander zu unterscheiden, wie z. B. bei unserem Geißbart (Aruncus silvester, Abb. 12). Die weiblichen Blütenstände sehen hier in ihrer vollen Entwicklung viel zarter aus als die männlichen, deren Äste durch die zahlreichen langen weißen Staubblätter ein mehr wolliges Aussehen besitzen.

Bestäubung und Befruchtung. Bei den Blüten der Weißen Lilie vermag der eigene und auch der aus anderen Blüten desselben Pflanzenindividuums herbeigebrachte Blütenstaub gewöhnlich keine Befruchtung auszulösen. Da die Gärtner die Weiße Lilie nur durch Zwiebelableger vermehren, sind meistens alle die Abkömmlinge einer solchen Lilienzucht untereinander unfruchtbar. Samen

Abb. 12. Weibliche (links) und männliche Pflanze (rechts) des *Geißbarts*, in voller Blüte ($^1/_5$ d. nat. Gr.)

kann man bei den europäischen Gartenformen dieser Lilie deshalb mit Sicherheit nur durch Bestäubung mit dem Blütenstaub von Individuen aus weiter entfernten Gegenden erhalten. Ab und zu sind aber ihre Blüten auch weniger wählerisch hinsichtlich der Herkunft des Blütenstaubes, ohne daß wir die Gründe dafür angeben können. Bei den Blüten verschiedener anderer Lilienarten kann man dagegen stets mit dem eigenen Blütenstaub ohne Schwierigkeit eine Befruchtung zustandebringen. Man sieht aus diesem Beispiel, daß die Pflanzenarten sogar innerhalb einer und derselben Gattung sich hinsichtlich der Brauchbarkeit des eigenen

Blütenstaubes sehr verschieden verhalten können. Im allgemeinen kann man aber sagen, daß *fremder Blütenstaub derselben Art für das Zustandekommen der Befruchtung brauchbarer ist als der der eigenen Blüte.* Weshalb sich dies so verhält, ist noch immer nicht ausreichend erforscht. Doch ist bekannt und verständlich, daß die Befruchtung mit dem Pollen anderer Pflanzen derselben Art, die häufig nicht genau die gleichen Erbanlagen besitzen, eine größere Mannigfaltigkeit in den Nachkommen hervorzubringen vermag. Trotzdem gibt es aber Pflanzen, die ihre Blüten, wie wir bald sehen werden, stets oder unter bestimmten Umständen nicht öffnen und sie in geschlossenem Zustande erfolgreich mit dem eigenen Pollen zur Samenbildung bringen.

B. Die Arten der Bestäubung und ihre Hilfsmittel

Damit die männlichen Geschlechtszellen mit Hilfe der Pollenschläuche die Eizellen erreichen können, müssen die Pollenkörner auf bestimmt gebaute Empfangsstellen der Blüte übertragen werden. Es sind dies bei den nacktsamigen Pflanzen, zu denen unter anderen die Nadelhölzer gehören, die Tropfen an den Öffnungen der frei liegenden Samenanlagen (Abb. 13), und bei den bedecktsamigen Pflanzen, denen auch unsere Weiße Lilie angehört, die bereits besprochenen feuchten Narbenteile (Abb. 5 d u. h). *Die Übertragung auf diese Empfangsstellen heißen wir Bestäubung.* Stammt der Pollen aus derselben Blüte, dann sprechen wir von *Selbstbestäubung,* bei der Bestäubung aus einer anderen artgleichen Blüte dagegen von *Fremdbestäubung.* Erfolgt die Bestäubung zwischen verschiedenen Blüten eines Pflanzenindividuums, dann hat man sie als *Nachbarbestäubung* bezeichnet. Es kann sich dabei um Zwitterblüten oder um getrennt geschlechtige Blüten einhäusiger Pflanzen handeln. Sie kommt beispielsweise bei den Korbblütlern (Kompositen) in einem und demselben Blütenköpfchen häufig vor.

Der Gärtner kann, um Samen zu erzielen, die Bestäubung mit einem feinen, weichen Pinsel durchführen. Er taucht zunächst die Pinselspitze in den Blütenstaub des geöffneten Staubbeutels einer hiefür geeigneten Blüte und berührt dann damit die Empfangsstelle der entsprechenden weiblichen Teile. Wir nennen das die *künstliche Bestäubung*. Meistens läßt aber der Gärtner die Bestäubung von der Natur selbst besorgen *(natürliche Bestäubung)*. Vielfach übertragen bei uns in Mitteleuropa die hier so zahlreich gezüchteten Honigbienen den Blütenstaub. Sie sind heute in der Gärtnerei und in der Obstkultur der wichtigste Bestäubungsfaktor geworden. Bei der Weißen Lilie ist infolge der Bauart der Blüte eine Bestäubung durch die Honigbienen jedoch nicht möglich. Alles spricht dafür, daß sie vor ihrer Übernahme in die menschliche Kultur eine Abendschwärmerblume mit reichlichem Nektar gewesen ist. Diese Fähigkeit zur Ausscheidung größerer Nektarmengen ist aber im Laufe der Kultur verloren gegangen. Der Nektar ist nämlich heute in den Blüten unserer Weißen Lilie so spärlich vorhanden, daß ein erfolgreicher Besuch durch Abendschwärmer nicht mehr zustande kommen kann. Die Erhaltung dieser so beliebten Pflanzenart, von der wir vorhin hörten, daß ihre Befruchtung auch sonst Schwierigkeiten macht, ist deshalb bei uns nur dadurch möglich gewesen, daß sie der Mensch seit der Zeit, in der eine Insektenbestäubung ihrer Blüten

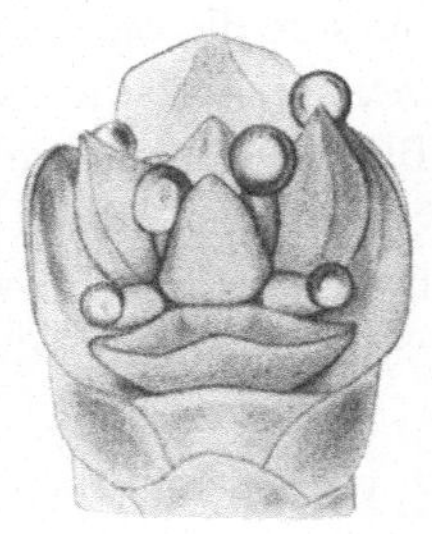

Abb. 13. Blüte einer *Wacholder*-Art *(Juniperus phoenicea)* mit Tropfen an den Enden der freiliegenden Samenanlagen (20mal)

und die normale Samenbildung nicht mehr möglich war, bis heute mit Hilfe von Zwiebelablegern zu vermehren pflegt.

Die Bestäubungsfaktoren. Abgesehen von der Tätigkeit des Menschen haben wir *drei Hauptfaktoren der Bestäubung* zu unterscheiden: erstens *die bewegte Luft*, die in der Geschichte der Pflanzenwelt ein seit vielen Jahrmillionen benütztes und bewährtes Bestäubungsmittel ist. So wird z. B. bei den Getreidearten, soweit die Blüten nicht geschlossen bleiben und sich selbst bestäuben, der Blütenstaub vom Wind übertragen. Dieser spielt als Bestäubungsfaktor auch bei unseren Nadelhölzern eine wichtige Rolle. — Zweitens *verschiedene freibewegliche, in den meisten Fällen fliegende Tiere*, deren Bestäubungstätigkeit weniger alt ist, als die der bewegten Luft, aber diese in ihrer Wirksamkeit und besonders in ökonomischer Hinsicht heute oft weit übertrifft. Als Beispiel haben wir die Honigbiene kennen gelernt. — Und schließlich drittens *das* *bewegte Wasser*, das nur in verhältnismäßig wenigen Fällen bei einigen Blütenpflanzen des Meeresstrandes und auch des Süßwassers den Pollen zu den Narben befördert und wohl als der jüngste unter den Bestäubungsfaktoren zu bewerten ist.

Diese drei Bestäubungsfaktoren können aber nur dadurch wirksam werden, daß in den Blüten verschiedene *Einrichtungen* vorhanden sind, die in jedem einzelnen Falle ganz oder vorwiegend eine bestimmte Bestäubungsweise ermöglichen und sicherstellen. Sie sind die *äußeren Hilfsmittel der Bestäubung.* Dazu kommen noch *innere*: es sind dies die Einrichtungen, die bei den hiefür geeigneten Blüten stets oder in manchen Fällen zu einer erfolgreichen Selbstbestäubung führen können. Aber auch die drei äußeren Bestäubungsfaktoren, die vor allem der Fremdbestäubung dienen, können dazu beitragen, daß eine Selbstbestäubung zustande kommt.

I. Blüteneinrichtungen, die zur Selbstbestäubung führen

Selbstbestäubung ist nur in einer *Zwitterblüte* möglich, deren weibliche und männliche Geschlechtsorgane gleichzeitig reifen. Manche Zwitterblüten sind so gebaut, daß schon vor dem Öffnen oder im Verlauf des Blühens durch die normalen *Wachstumsbewegungen* und durch *Reizkrümmungen* der Blütenteile, durch den *Wind* oder durch blütenbesuchende *Tiere* der eigene Pollen auf die Narbe gebracht wird. Häufig sehen wir, daß Blüten gegen Ende der Blühzeit regelmäßig mit eigenen Mitteln eine Selbstbestäubung zustande bringen, was dann von Bedeutung sein kann, wenn in der Zeit vorher eine Fremdbestäubung ausgeblieben ist und der eigene Blütenstaub in dieser Blüte eine Befruchtung zu bewirken vermag.

Es gibt, wie bereits früher erwähnt, Pflanzen mit Blüten, die sich stets mit Erfolg und ausschließlich selbst bestäuben. Sie sind aber im Vergleich zu solchen Pflanzen, die sich in ihren normal öffnenden Blüten der Fremdbestäubung bedienen, nicht sehr zahlreich. Man kennt auch Pflanzenarten, bei denen *bereits in geschlossen bleibenden Blütenknospen* geringer Größe die *Selbstbestäubung* und damit die Befruchtung stattfindet, während größere Blüten desselben Pflanzenindividuums sich öffnen und Pollen aus anderen Blüten empfangen, falls sie nicht durch Vermittlung äußerer Einwirkungen ebenfalls mit dem eigenen Blütenstaub bestäubt werden.

Ein schönes Beispiel für das zuletzt geschilderte Verhalten sind verschiedene Arten der Veilchen (Viola), z. B. das *Hundsveilchen* (Viola canina, Abb. 14). Die im offenen Zustande bestäubten Blüten zeigen hier jene Größe und Gestalt, die jeder von unseren wohlriechenden Veilchen kennt. Doch haben die violetten Kronblätter des Hundsveilchens eine bleichere Farbe als die der

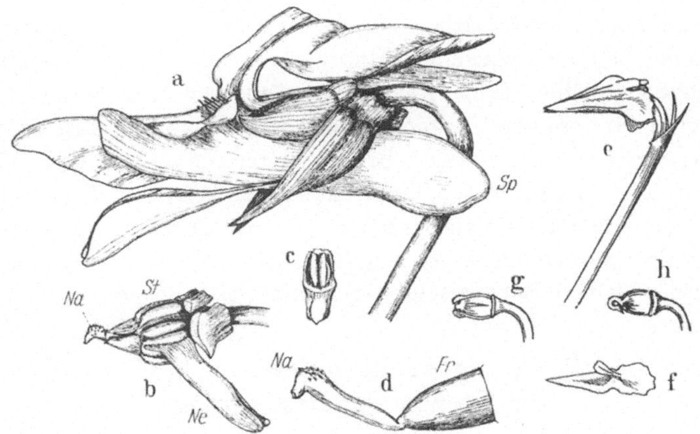

Abb. 14. Blüte des *Hundsveilchens*. a—d offenstehende Blüte: a Seitenansicht der Blüte, links der Blüteneingang, *Sp* Sporn des untersten Blumenblattes, in dem sich der Nektar ansammelt; b nach Wegnahme der Blütenhülle (*St* Staubblätter, *Ne* in den Sporn hineinragende, Nektar absondernde Fortsätze der Staubblätter, *Na* papillöse Narbe); c Staubblatt; d Stempel, links Narbe (stärker vergrößert). e—h klein und geschlossen bleibende Blüte: e Seitenansicht der Blüte, f Kelchblatt von innen, mit verkümmertem Kronblatt; g Stempel, mit zwei Staubblättern; h freigelegter Stempel mit verkürztem Griffel und heruntergebogener Narbe. (Vergr. 3mal, nur d 6mal. Nach KIRCHNER)

„echten" Veilchen und ihr Duft ist sehr gering. Die sich öffnenden nektarhaltigen Blüten der Hundsveilchen (Abb. 14a) werden häufig von Schmetterlingen oder Hummeln besucht und bestäubt. Bleibt der Insektenbesuch aus, dann sterben diese Blüten ab, ohne Samen gebildet zu haben, denn eine Selbstbestäubung ist bei ihnen infolge ihrer Bauart nicht möglich. Die *geschlossen sich bestäubenden Blüten* zeigen dagegen alle ihre *äußeren Organe gehemmt* und sie sind dadurch gegenüber der offenen Blüte stark verkleinert (Abb. 14e): die Kelchblätter sind halb so groß wie die normalen und die Kronblätter winzige Schüppchen (Abb. 14f). Von den fünf Staubblättern sind nur zwei vorhanden und ihre Staubbeutel haben statt vier nur zwei Pollensäcke. Trotzdem sind die in geringer Zahl ausgebildeten Pollenkörner von ganz normaler Beschaffenheit. Der Fruchtknoten ist noch am wenigsten verkleinert, doch ist sein Griffel sehr verkürzt. Die Pollenkörner treiben ihre Schläuche schon im Innern der Antherenfächer. Diese Schläuche durchbohren mit ihrer Spitze die Antherenwand und erreichen so unmittelbar die angrenzende Narbe, in die sie dann eindringen. Die Früchte solcher Blüten entwickeln sich normal und enthalten später zahlreiche keimfähige Samen, gleich jenen aus den offen bestäubten Blüten. So kommt es bei dieser Pflanzenart *stets* zur *Samenbildung*, auch wenn die offen zu bestäubenden Blüten aus äußeren Gründen in ihrer Leistung versagen. Dabei hat man beobachtet, daß die Kapseln der selbstbestäubten Blütenknospen rascher reifen, als die der fremdbestäubten offenen Blüten. Es kann also nicht angenommen werden, daß die Selbstbestäubung grundsätzlich schädlich ist.

II. Bewegte Luft und Schwerkraft
im Dienste der Bestäubung

Die Blüten des Haselstrauches. Solange der Winter anhält, stehen die Haselsträucher blattlos da und ihre *Kätzchen* sind noch kurz und steif. Wenn dann später die Sonnenstrahlen die Landschaft erwärmen und der Boden aufgetaut ist, werden auch die Haselsträucher wieder munter. Zunächst beginnen die Kätzchen sich zu strecken, sie werden lang und schmiegsam, während an anderen Zweigstellen desselben Strauches oder an anderen Haselsträuchern *aus kleinen Knospen kirschrote Fadenbüschel* hervorkommen (Abb. 15 und 16a). Wenn der Frühlingswind durch die noch blattlosen Büsche streicht, beginnen die weichen Haselkätzchen hin und her zu schwingen und bei jedem Windstoß werden schwefelgelbe Wölkchen von *Blütenstaub* aus ihnen herausgeweht und durch die Luft davongetragen, sich bald auflockernd und schließlich unserem Auge ganz entschwindend. Jedes einzelne dieser stäubenden gelbbraunen Kätzchen ist aus zahlreichen kleinen Blüten männlichen Geschlechtes zusammengesetzt (Abb. 16c, d). Ihre Zahl beträgt oft mehr als 200 in einem Kätzchen. Das weibliche Geschlecht ist aber in ihnen nicht vertreten. Es befindet sich abgesondert in den erwähnten rotbeschopften Knospen (Abb. 15 und 16a, b), die am oberen Ende einen kleinen Blütenstand mit 6—10 paarig zusammengestellten weiblichen Blüten enthalten. Jede von diesen weiblichen Blüten trägt zwei fadenförmige klebrige Narben (Abb. 16 b), die über die gemeinsame, aus Schuppenblättern zusammengesetzte Knospenhülle des Blütenstandes hinausragen und in ihrer Gesamtheit den pinselförmigen roten Schopf bilden. Über diese Narbenbüschel streicht die mit dem Haselpollen

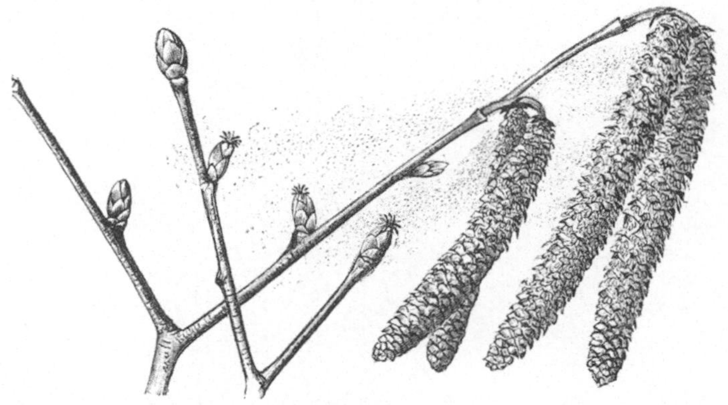

Abb. 15. Bestäubung der *Haselblüte* durch den Wind. Links weibliche Blütenstandknospen, von den noch geschlossenen Laubknospen verschieden durch den Narbenschopf; rechts männliche Kätzchen mit herausgewehtem Blütenstaub (Nat. Gr., nach R. Wettstein)

beladene Luft hinweg, wobei von Zeit zu Zeit Pollenkörner an der *feuchten Oberfläche* hängenbleiben, auskeimen und schließlich die Befruchtung durchführen (Abb. 16 g).

Der Blütenstaub der Haselblüte. Wenn der Blütenstaub des Haselstrauches bei ausreichend trockener Luft aus den Staubbeuteln der Kätzchen herauskommt, sind die einzelnen *Körner* zunächst von kugeliger Gestalt mit einem Durchmesser von etwa 0,030 mm. Ihre *Oberfläche* ist, wie bei allen windblütigen Pflanzen, *vollkommen glatt*. Bei ruhiger Luft fallen sie zuerst auf die nach oben gerichteten Flächen der von der herunterhängenden Kätzchenspindel abstehenden Kätzchenschuppen (Tragblätter der männlichen Blüten, Abb. 16c, d), wo sie zunächst liegen bleiben. Sie verlieren nun aus ihrem Zellsaft durch *Verdunstung* Wasser an die sie umgebende Luft, sie werden leichter und *schrumpfen*

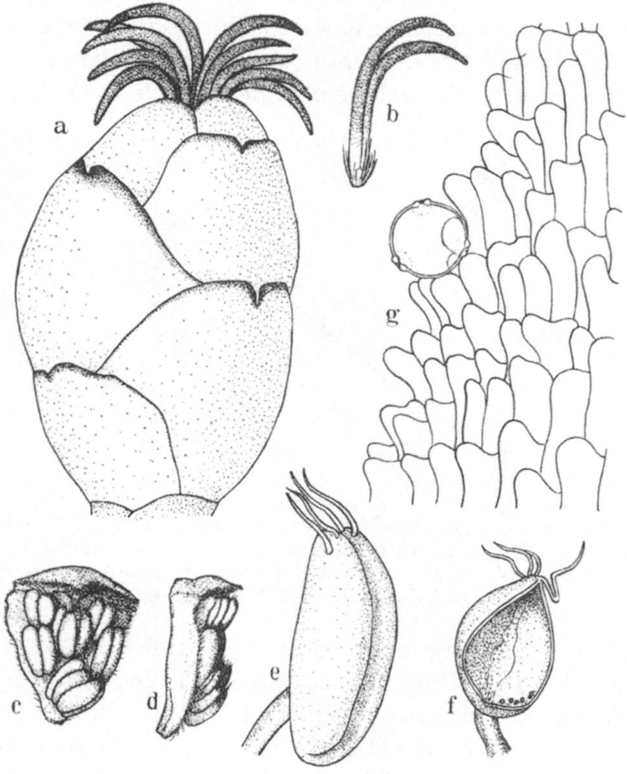

Abb. 16. Die Blüten des *Haselstrauchs*. a weiblicher Blütenstand, b eine weibliche Blüte (8mal); c Kätzchenschuppe mit männlicher Blüte, von der Fläche,
d von der Seite (8mal); e reifer noch geschlossener, f geöffneter und entleerter
halber Staubbeutel (30mal); g papillöse Narbenoberfläche mit einem Hasel-
Pollenkorn, dessen 3 Keimporen sichtbar sind (300mal)

solchen Blüte vorhandenen losen Kleinsporen als deren „Blütenstaub" bezeichnet hat. Wird ein solcher kätzchentragender Hasel-
zweig erschüttert oder es fährt ein Windstoß durch das lockere
schmiegsame Kätzchen, dann wird mindestens ein Teil des Blütenstaubes, der sich auf den Kätzchenschuppen angesammelt hat,

von den Luftströmungen erfaßt und weggetragen. Bei trockenem warmem Wetter geben die Pollenkörner während ihres Fluges noch weiter Wasser an die Luft ab und sie schrumpfen noch mehr ein, so daß sie immer leichter werden.

In einem windstillen Luftraum, den man im wissenschaftlichen Experiment leicht herstellen kann, sinken diese lufttrockenen Pollenkörner der Hasel infolge ihres sehr geringen Gewichtes und ihrer Kleinheit langsam und mit gleichbleibender Geschwindigkeit zu Boden. Ihre mittlere *Sinkgeschwindigkeit* beträgt in unbewegter Luft nur 2,5 cm in der Sekunde. Sie brauchen also, um einen Meter tief zu fallen, bei unbewegter Luft eine Zeit von 40 Sekunden. Wenn nun im Freien ein annähernd horizontal über den ebenen Boden dahinstreichender *Wind* z. B. mit einer gleichmäßigen Geschwindigkeit von 6 m in der Sekunde Blütenstaub mitnimmt, wird dieser, während er in der Luft 1 m tief fällt, in 40 Sekunden 240 m weit fortgetragen. Durch Versuche und Berechnungen kann man ohne Schwierigkeit feststellen, daß kleine und leichte Pollenkörner, die, wie bei der Hasel, nicht durch Klebsubstanzen untereinander zu Klumpen verbunden sind und deshalb von den Luftströmungen *einzeln* fortgetragen werden können, unter gleichen Umständen vom Winde viel weiter befördert werden, als größere und schwerere Körner, oder solche von geringer Größe, die in Klumpen zusammenhängen. Nun handelt es sich aber nicht nur darum, daß ein solcher „*Windpollen*" durch die bewegte Luft zu anderen Individuen derselben Art getragen werden kann, sondern auch darum, daß die einzelnen Körner, sobald sie bei ihrem Flug an eine gleichartige Narbe geraten, an ihr hängenbleiben. Letzteres kann jedoch nur dann geschehen, wenn die Luftbewegung nicht so stark ist, daß die Pollenkörner nach ihrer Ankunft an der klebrigen Oberfläche der Narben vom Wind sogleich wieder weggeblasen werden. Für das Zustandekommen der Bestäubung eignen sich demnach unmittelbar an den weiblichen Blüten nur schwache Luftbewegungen, die von der menschlichen Haut als „leiser Zug" wahrgenommen werden, oder noch schwächere, wie sie auch bei sogenannter „Windstille" stets vorhanden sind.

Wenn ein andauernd kräftiger Wind, der Pollenkörner auf weiten Wegstrecken mit sich führt, plötzlich für einige Zeit seine

Geschwindigkeit stark verringert, dann sinken die Pollenkörner sogleich mit verminderter Horizontalgeschwindigkeit langsam zu Boden. Sie können auf diesem Wege jetzt leicht an einer Hasel-Narbe hängen bleiben, falls sich eine solche gerade zufällig auf der Wegstrecke des absinkenden Pollenkorns befindet.

Wenn man bedenkt, daß die bewegte Luft von den Unebenheiten und dem Bewuchs des Bodens, besonders aber von Bäumen und Sträuchern immer wieder abgelenkt und abgebremst wird, dann kann man verstehen, wie sehr es dem Zufall überlassen ist, ob schließlich ein vom Winde übernommenes Pollenkorn auch wirklich auf einem für sein Auskeimen geeigneten Blütenteil landet. Nur die überaus *große Zahl von Pollenkörnern*, die von einem blühenden Haselstrauch an die vorüberziehende Luft abgegeben werden, bringt es mit sich, daß schließlich meistens doch noch artgleiche Pollenkörner an den weiblichen Blütenteilen ankommen. In allen Fällen nehmen nun die von den *Narben* festgehaltenen Körner aus der hier vorhandenen *Flüssigkeit* Wasser auf, werden prall und erhalten zunächst wieder ihre ursprüngliche kugelige Gestalt. In kurzer Zeit kommen aus ihnen *Pollenschläuche* hervor, die in das Narbengewebe eindringen und schließlich bis zu den Eizellen weiterwachsen.

Wie groß ist nun *die Zahl der Pollenkörner, die ein männliches Hasel-kätzchen hervorbringt?* Das läßt sich der Größenordnung nach leicht durch Zählungen und daran anschließende Berechnungen fest-stellen. Wir wollen dabei von einem etwa 4 cm langen Kätzchen ausgehen, das z. B. 170 Kätzchenschuppen und damit 170 männliche Blüten besitzt. Jede dieser männlichen Blüten enthält 4 ihrer ganzen Länge nach gespaltene Staubblätter mit zusammen 8 halben Staubbeuteln (Abb. 16 c, d, e). Nimmt man nun auf Grund von Zählungsergebnissen an, daß jede männliche Blüte, was nicht zu hoch gegriffen ist, rund 12000 Pollenkörner erzeugt, so ergibt das für die 170 Blüten dieses Kätzchens rund 2 Millionen Pollenkörner in diesem nicht sehr großen Blütenstand. Wenn wir uns jetzt einen mittelgroßen Haselstrauch vorstellen, so kann dieser leicht 300 solcher Kätzchen mit zusammen mindestens 600 Millionen Pollen-körnern hervorbringen!

Wichtig für den Erfolg der Bestäubung ist *das Verhältnis zwi-schen der Zahl der männlichen und der gleichzeitig vorhandenen weiblichen*

Blüten. Dieses Zahlenverhältnis schwankt bei den normalerweise einhäusigen Haselsträuchern außerordentlich. In einem bestimmten Fall ergab die Zählung auf einem Strauch 214 weibliche Blütenstandknospen auf 300 männliche Kätzchen. Nehmen wir für jede dieser Knospen nur 6 weibliche Blüten (mit je 2 Eizellen) an, was häufig vorkommt, aber nicht viel ist, so wären in diesen 214 Blütenständen 2568 Eizellen vorhanden, für die in den vorhin errechneten Pollenkörnern sich mehr als eine Milliarde männlicher Befruchtungszellen — zwei in jedem Pollenschlauch — entwickeln. Durch diese übergroße Zahl von Pollenkörnern wird die Befruchtung der vorhandenen Eizelle sichergestellt.

Auffallend ist, daß bei der Hasel zur Zeit der Bestäubung die *Fruchtknoten* sehr klein sind, die dazu gehörigen *Narben* jedoch verhältnismäßig groß (Abb. 16b). Der Fruchtknoten ist noch unentwickelt, nicht einmal 0,5 mm breit und nur etwa 0,2 mm lang. Dagegen sind in diesem Zustand die dem Fruchtknoten unmittelbar aufsitzenden Narben etwa 3—4 mm lang, bei einer mittleren Dicke von annähernd 0,2 mm! Die zu einem Blütenstand gehörigen 10—20 Narben ragen aus den Knospendecken etwa 2 mm weit heraus und sie bilden in ihrer Gesamtheit den bereits mehrfach erwähnten roten Pinsel am Ende der weiblichen Knospen. Die *Oberfläche der Narben* ist, soweit sie in den freien Luftraum hinausragt, mit rundlichen *Papillen* besetzt, wodurch eine Vergrößerung ihrer feuchten Oberfläche und ein leichteres Festhalten der angewehten Pollenkörner erzielt wird (Abb. 16g). So wie die Haselblüten verhalten sich nach ihrer Gestalt und Leistung auch die weiblichen Blüten zahlreicher anderer bedecktsamiger windblütiger Gewächse, z. B. die der Erlen, Birken und auch die des Hanfs.

Andere windblütige Pflanzen. Der bei der Windbestäubung unvermeidliche Pollenverlust wird auf ein Mindestmaß eingeschränkt, wenn sich die Staubbeutel vor dem Laubausbruch oder an seinem Beginn und nur bei trockenem Wetter öffnen. Ersteres trifft bei allen windblütigen Laubhölzern zu. Da das *Öffnen der reifen Antheren* bei den Windblütlern und auch sonst einen *Austrocknungsvorgang* darstellt, der nur bei ausreichend *trockener Luft* zustandekommt, ist die zweite Bedingung stets erfüllt. Manche Windblütler, z. B. die Hasel, öffnen ihre Staubbeutel dabei rasch mit einem großen Loch ihrer ganzen Länge nach (Abb. 16e, f) und der Fassungsraum der Anthere vermindert sich auf weniger als ein Drittel. Infolgedessen wird der lockere Blütenstaub aus der Öffnung herausgepreßt und er fällt durch sein Gewicht zunächst auf die benachbarten Teile der Blüte oder des Blütenstandes, wo er bis zum Abtransport durch den Wind verbleibt. Wir sehen dieses Verhalten nicht nur bei den schwingenden Kätzchen, sondern auch bei windblütigen Pflanzen mit starren männlichen Blüten oder Blütenständen, wie bei unseren einheimischen *Nadelhölzern*, so bei der *Fichte*, *Tanne*, *Föhre*, *Eibe* und anderen (Abb. 17a, b). Bei den auf steifen Stielen über den Wasserspiegel emporgestreckten Blütenständen einiger windblütiger *Laichkräuter* (Potamogeton-Arten, Abb. 17c) sammelt sich der Blütenstaub zunächst in den muschelförmig ausgehöhlten unteren Blütenhüllblättern an, so daß ihn der Wind von dort nach und nach fortblasen kann. Ganz anders benehmen sich die aus den offenen *Grasblüten* an feinen beweglichen Staubfäden herausragenden Staubbeutel (Abb. 17d). Sie öffnen sich an ihrem herunterhängenden Ende mit einem länglichen Loch, der Blütenstaub fällt aber nicht sogleich aus der Öffnung heraus, sondern er sammelt sich zunächst in geringer Menge an einem unter dieser Öffnung befindlichen horizontalen Vorsprung der Wand des Staubbeutels an. Hier kann er dann von den vorbeiziehenden Luftströmungen erfaßt werden, während der noch in den Staubbeuteln befindliche Blütenstaub bei jeder Erschütterung wie der Sand in einer Sanduhr gegen die Öffnung zu weiter nachrückt. Ein wesentlich anderes Hilfsmittel für die Pollenabgabe besitzen die *Brennesseln* und einige ihrer Verwandten z. B. der Papiermaulbeerbaum (Broussonetia, Abb. 17g). Bei sonnigem trockenem Wetter öffnen sich die Staubbeutel dieser Pflanzen und die Filamente schnellen nach und nach aus den Blüten hervor. Dabei werfen die Antheren jedesmal ein kleines Wölkchen lockeren Blütenstaubes in die Luft hinaus und es erfolgt sogleich die Wegbeförderung durch die Luftströmungen. Man hat solche Blüten „*explodierende*" *Windblüten* genannt.

Die wichtigste Voraussetzung für die Windbestäubung, ohne die eine solche überhaupt nicht zustande kommen kann, ist der *Mangel eines klebrigen Überzuges der Pollenkörner*. Ein klebriger Pollenkitt ist im allgemeinen die Voraussetzung für die Übertragung des Blütenstaubes durch Tiere. Dieser Klebstoff, der in den Antheren gebildet wird, besteht im wesentlichen aus einer öligen Flüssigkeit, die nicht verdunstet und zunächst eine ausreichend lange Zeit flüssig bleibt. Wir werden später bei der Besprechung der Tierblütigkeit noch auf verschiedene Eigenschaften

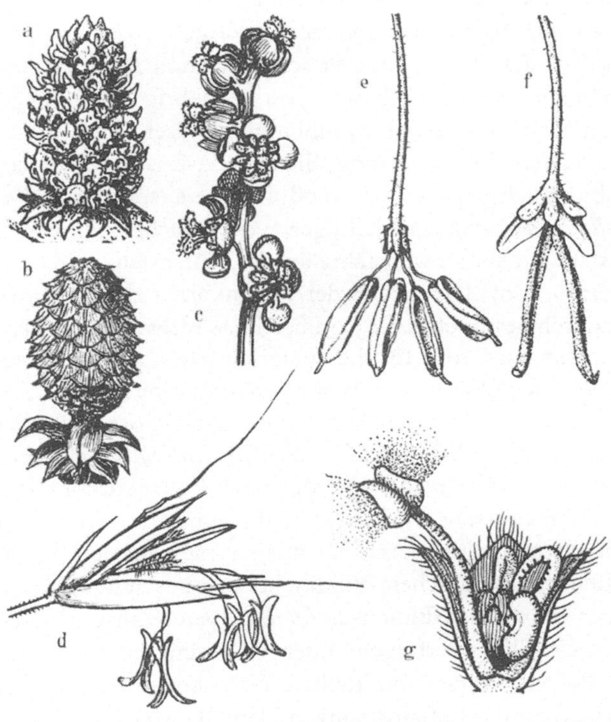

Abb. 17. Blüten und Blütenstände *windbestäubter Pflanzen*. a aufrechte, starre männliche Blüte der *Bergföhre* (4mal), b deren ebenfalls aufrechter und starrer weiblicher Blütenstand (Zäpfchen, 2mal); c aufrechter Blütenstand des *Krausblättrigen Laichkrautes* mit starren Zwitterblüten (2mal); d Teil eines Blütenstandes (Ährchen) des *Gemeinen Goldhafers* mit an dünnen Fäden pendelnden Staubbeuteln und federförmigen Narben (5mal); e und f an dünnen Stielen hängende, pendelnde männliche und weibliche Blüten des *Eschenahorns* (3mal); g längs durchschnittene männliche Blüte des *Papiermaulbeerbaums* (5mal), rechts zwei Staubblätter in Ruhelage, links pollenschleuderndes Staubblatt (a, b, c, g nach KERNER V. MARILAUN; d nach O. V. KIRCHNER; e, f Orig.)

des Pollenkittes einzugehen haben. Nur dann, wenn dieser Klebstoff bloß in Spuren vorhanden ist oder ganz fehlt, können die Pollenkörner aus den Antherenfächern herausfallen und für den

Abtransport durch Luftströmungen bereitgehalten werden, wobei zugleich die dem Windtransport abträgliche Klumpenbildung der Pollenkörner unterbleibt. Keinen Pollenkitt besitzt der Blütenstaub der meisten nacktsamigen Gewächse, z. B. unserer Nadelhölzer. Ebenso verhalten sich auch verschiedene bedecktsamige Pflanzen, darunter die früher als „Kätzchenblütige" zusammengefaßten Formen, zu denen auch unser Haselstrauch und die Erlen gehören. Dünnflüssig und dadurch sehr wenig klebrig sind die geringfügigen Kittstoffreste der windblütigen Gräser.

Eine andere Voraussetzung, die für das Zustandekommen der Windblütigkeit gegeben sein muß, ist eine ausreichende *Kleinheit der Pollenkörner*, womit auch ihr geringes Gewicht zusammenhängt. Dadurch wird die Schwebefähigkeit des Blütenstaubes in bewegter Luft ermöglicht. Die Größe der Pollenkörner der *Haselkätzchen* (Korndurchmesser etwa 0,030 mm, Abb. 8 rechts, S. 12) entspricht einer günstigen Größe für die Windblütigkeit. Auch viele andere Arten von Windblütlern, z. B. die *Grünerle* (Alnus viridis, Abb. 18 rechts oben) besitzen annähernd diese Pollenkorngröße. Ist das Pollenkorn wesentlich größer, wie z. B. beim windblütigen *Mais* (Zea mays, Abb. 18 rechts unten), wo der Pollenkorndurchmesser in der Anthere etwa 0,150 mm beträgt, dann kann, selbst bei maximalem Wasserverlust durch das Austrocknen auf dem Luftwege, mit Hilfe eines schwachen Windes nur eine Bestäubung der unterhalb der männlichen Blütenstände derselben Pflanze befindlichen weiblichen Blüten erfolgen, oder höchstens eine Verbreitung dieses Pollens in die unmittelbare Nähe der pollenerzeugenden Pflanze, wenn die Luftströmungen hiefür kräftig genug sind. Bei anderen verhältnismäßig großen und deshalb an sich schweren Pollenkörnern kann durch *weitausladende, lufterfüllte Blasen*, die aus der abgehobenen Außenhaut bestehen und durch *Vergrößerung der glatten Oberfläche des Pollenkorns* ohne wesentliche Vermehrung des Gewichtes wie Fallschirme und zugleich als Segel wirken, das Absinken in der Luft verlangsamt und damit die Schwebefähigkeit bedeutend vergrößert werden. Wir sehen solche „Luftsäcke" an den Pollenkörnern der verschiedenen Arten der *Föhre* (z. B. Pinus silvestris, Abb. 18 links oben), bei der *Tanne* (Abies), und der *Fichte* (Picea). Besonders die sehr großen Pollenkörner unserer *Fichte* (Picea excelsa), die in ihrem Körper (ohne die Blasen

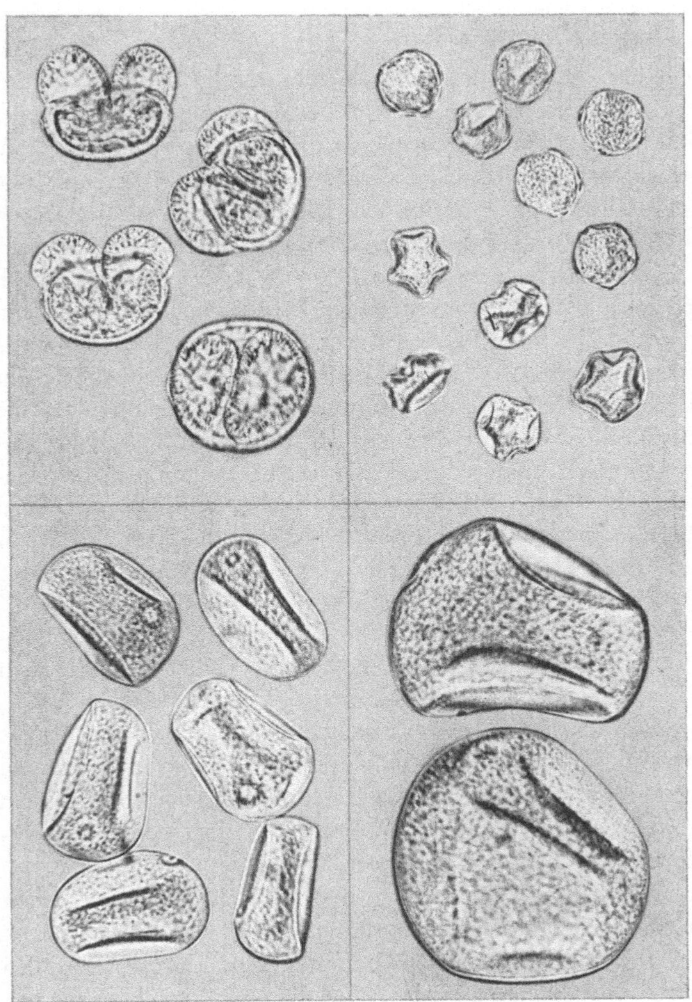

Abb. 18. Beispiele von Windpollenkörnern verschiedener Größe: oben *Föhre* und *Grünerle*, unten *Roggen* und *Mais* (Alle 400mal)

gemessen und auf Kugelform umgerechnet) einen Durchmesser von etwa 0,070 mm aufweisen, wären infolge ihres zu großen Gewichtes für die Windbestäubung wenig geeignet, wenn sie nicht die wohlausgebildeten Luftsäcke hätten. Die *Lärchen* (Larix decidua) besitzen ebenfalls große, anfangs kugelige, dünnwandige, aber blasenlose Körner mit einem Durchmesser von annähernd 0,064 mm. Diese können aber die Blasenlosigkeit ohne Nachteil für ihre Windverbreitung ertragen, da sie nach dem Verlassen der Blüte durch die Wasserabgabe an die umgebende Luft rasch zu schalenförmigen Gebilden werden, die ebenfalls eine günstige Sinkgeschwindigkeit aufweisen. Dagegen sind die annähernd kugeligen Pollenkörner unseres *Wacholders* (Juniperus communis) so klein (Durchmesser etwa 0,028 mm), daß sie schon dadurch eine günstige Sinkgeschwindigkeit besitzen, besonders dann, wenn sie nach dem Verlassen der Anthere an der Luft bereits etwas Wasser verloren haben. Man darf deshalb aber trotzdem nicht glauben, daß ein sehr kleinkörniger Pollen unbedingt auf die Windblütigkeit der betreffenden Pflanze hinweist. So sind die klebrigen und deshalb durch Insekten übertragenen länglichen Pollenkörner des *Wald-Vergißmeinnichts* (Myosotis silvatica) mit einem Längsdurchmesser von 0,006 bis 0,007 mm und einer Breite von 0,004 mm die kleinsten bisher bekannten Pollenkörner und damit wesentlich kleiner als die des Wacholders.

Je größer die feuchte Oberfläche der Narbe ist, die den von Luftströmungen herangebrachten Pollen übernehmen kann, desto wahrscheinlicher wird das Eintreffen von artgleichen Pollenkörnern auf einer solchen Narbe und desto wahrscheinlicher die Befruchtung. Da bei den Windblütlern alle Blüten infolge der an ihnen vor sich gegangenen Rückbildungen fast immer sehr klein sind, bleiben die Empfangsflächen ihrer Narben jedoch hinsichtlich der absoluten Größe hinter jenen der großblütigen, von Tieren bestäubten Blüten, wie z. B. einer Weißen Lilie und schon gar einer Schwertlilie, weit zurück. Durch die Ausbildung zahlreicher kleiner weiblicher Blüten mit verhältnismäßig großen Narben wird die Bestäubung bei den Windblütlern aber trotzdem ausreichend sichergestellt. Die *Narben* verschiedener Windblütler sind *fadenförmig,* wie beim Eschenahorn (Acer negundo, Abb. 17f, S. 31). Bei der Hasel sahen wir mehrere solcher Fäden zu einem *Pinsel* zusammengestellt (Abb. 16a, S. 26). Andere Narben sind *wellig gelappt,* wie bei der Walnuß (Juglans regia), oder *fein gefiedert* wie bei zahlreichen Arten von Gräsern (Gramineen, Abb. 17d), oder auch *sprengwedelförmig* wie beim Kleinen Wiesenknopf

(Sanguisorba minor, Abb. 11, S. 18), um nur einige Beispiele zu nennen. Durch diese Gestaltung der Narben wird oft eine sehr bedeutende *Vergrößerung der Narbenfläche* bei gleichbleibendem Narbenvolumen und damit eine beträchtliche *Erleichterung des Auffangens von Pollenkörnern* bewirkt. Daß solche Narben bei den Windblütlern, wie z. B. bei der Hasel, beim Hanf, beim Kleinen Wiesenknopf und bei zahlreichen Gräsern häufig eine für uns auffallende Rotfärbung besitzen, liegt im Wesen der betreffenden Pflanzenart begründet, hat aber mit dem Bestäubungserfolg der Luftströmungen ebensowenig zu tun wie die besonders schöne Rotfärbung der männlichen Blüten und die der jungen weiblichen Blütenzapfen bei der Fichte.

Ganz anders verhalten sich hinsichtlich ihrer Bestäubungseinrichtungen die weiblichen Blüten der fast ausnahmslos windblütigen *nacktsamigen Gewächse*, zu denen vor allem unsere Nadelhölzer gehören. Sie besitzen keine Stempel und damit auch keine Narben. Ihre Samenanlagen sind meist unmittelbar der freien Luft ausgesetzt, so daß die Übernahme des Pollens an ihnen selbst geschehen muß. Besonders deutlich sieht man dies bei unserer *Eibe* (Taxus baccata). Hier besitzt jede weibliche Blüte eine einzige endständige Samenanlage, deren *Außenschichte (Integument)* sich in eine kurze Röhre verlängert, die mit ihrem *offenen Ende (Mikropyle)* über die Blüte in den Luftraum hinausragt. Zur Zeit der Pollenabgabe durch die Staubbeutel wird aus dem Röhrenende ein *zuckerhaltiger Tropfen (Mikropylartropfen)* ausgeschieden, an dem die dort ankommenden Pollenkörner hängenbleiben und schließlich auskeimen. Sehr auffallend sind diese Bestäubungstropfen auch bei den verschiedenen Arten des *Wacholders* (Juniperus), dessen weibliche Blütenstände (Zäpfchen) jedoch mehrere weibliche Blüten und damit auch mehrere Samenanlagen (Abb. 13, S. 21) tragen.

Schließlich sei hier nochmals hervorgehoben, daß wir annehmen müssen, daß viele jetzt lebende Windblütler, seit sie Blüten besitzen, sich nur der bewegten Luft zu ihrer Bestäubung bedienten (primäre Windblütler). Dagegen sind andere Windblütler, wie man durch sehr sorgfältige vergleichende Untersuchungen bei zahlreichen Pflanzenfamilien feststellen konnte, früher einmal tierblütig gewesen. Sie sind erst später (sekundär) unter allmählicher Umgestaltung und Rückbildung verschiedener Blüteneinrichtungen zur heutigen Windblütigkeit übergegangen. Ihre Blüten wurden klein, grün und duftlos und deshalb für die Tiere in jeder Hinsicht unauffällig. Dementsprechend ist auch der Fruchtknoten einer solchen Blüte oft besonders klein, wobei er häufig zur Zeit der Bestäubung noch nicht voll entwickelt ist. Er ist bei den Kätzchenblütlern meist unterständig und enthält gewöhnlich eine bis zwei Samenanlagen, was als Zeichen der nachträglichen Vereinfachung dieser Blüten zu bewerten ist. Die Fähigkeit zur Nektarausscheidung ging verloren und nur bei sehr wenigen windbestäubten Blütenarten lassen sich noch Spuren von Nektar nachweisen. Solche Pflanzen konnten erhalten bleiben, wenn die durch Veränderung der Erbanlagen entstandenen Rückbildungen so verlaufen sind, daß der Wind schließlich die Beförderung des Pollens, der mittlerweile seine Klebrigkeit verloren hatte, übernehmen konnte. Pflanzenarten mit Blütenveränderungen, die eine Bestäubung durch den Wind oder das Wasser unmöglich machten, waren jedoch zum Aussterben verurteilt. Zu den ursprünglichen (primären) Windblütlern rechnen wir die meisten nacktsamigen Gewächse, unter ihnen auch unsere Nadelhölzer, zu den späteren (sekundären) Windblütlern alle windblütigen bedecktsamigen Pflanzen. In manchen Gattungen ist die Umstellung zur sekundären Windblütigkeit erst teilweise vollzogen. Dies können wir bei den sonst meist tierblütigen *Ahorn-Arten* sehen. Von ihnen ist der *Eschenahorn* (Acer negundo, Abb. 17 e, f, S. 31) bereits windblütig geworden. Von unseren einheimischen Rosazeen ist der *Große Wiesenknopf* (Sanguisorba officinalis) noch insektenblütig, dagegen ist der *Kleine Wiesenknopf* (Sanguisorba minor, Abb. 11, S. 18) schon windblütig. Der Pollenkitt ist bei solchen sekundären Windblütlern höchstens noch in Spuren vorhanden. Das allmähliche Schwinden der Fähigkeit zur Ausbildung der Kittsubstanzen sehen wir stets bei jenen Gruppen von Blütenpflanzen, die sich auch sonst auf dem Wege zur Windblütigkeit befinden. Manche nektarlose Pollenblumen mit stark rückgebildeten und daher unauffälligen kleinen Blüten verhalten sich in dieser Weise, so z. B. verschiedene Arten des *Beifuß* (Artemisia). Im Gegensatz zu solchen Blütenpflanzen zeigen uns einige der nacktsamigen und sonst primär windblütigen *Cycadeen* (auch *Palmfarne* genannt) den Beginn der Insektenblütigkeit.

Die Bestäubung der Vallisneria. Eine besonders merkwürdige *Bestäubungsart, die sich zugleich des Windes und des Wassers bedient,* finden wir bei der Hydrocharitazee *Vallisneria spiralis,* die wegen ihrer langen bandförmigen Blätter häufig zur Bepflanzung der Süßwasser-Aquarien verwendet wird. Sie lebt völlig untergetaucht in seichten Gewässern Südeuropas und entwickelt einen kriechenden Wurzelstock mit Blattrosetten, aus denen die Blütenstände emporwachsen. Diese tragen an ihrem Achsenende je eine aus

Abb. 19. *Vallisneria spiralis.* Männliche Blüten frei auf dem Wasserspiegel schwimmend, weibliche Blüte (Mitte des Bildes) mit einem langen Stiel an den Wasserspiegel emporgehoben, den Blütenstaub einer angetriebenen männlichen Blüte übernehmend (8mal, nach KERNER V. MARILAUN)

stark gewölbten Blättern bestehende Hülle, innerhalb deren auf bestimmten Pflanzen nur weibliche, auf anderen nur männliche Blüten entstehen. Die weiblichen Blütenstände wachsen bis an den Wasserspiegel empor, öffnen hier noch unter Wasser ihre Scheidenblätter, und die darin meist in der Einzahl vorhandenen Knospen strecken sich. Die Blüten entfalten sich dann in der Weise, daß ihre drei am Rande gefransten, verhältnismäßig großen Narben knapp über dem Wasser aus der grünen Blütenhülle hervorstehen (Abb. 19). Unterdessen haben, nahe dem Boden des Gewässers, auch die männlichen Blütenstände innerhalb ihrer blasenförmigen Umhüllung die zahlreichen Staubblüten zur Reife gebracht. Bald darauf öffnet sich die Umhüllung und die kurzen Stielchen der noch geschlossenen kugeligen Staubblüten lösen sich an ihrem Grunde von der Pflanze ab. Infolge ihres Luftgehaltes steigen die männlichen Blüten nun wie kleine Ballons sogleich an die Wasseroberfläche empor, wo sie zunächst eine Zeitlang, vom Wind und von den Wasserströmungen bewegt, als geschlossene Kügelchen auf dem Wasserspiegel umhertreiben. Dann entfalten sie hier schwimmend ihre drei äußeren normal entwickelten Perigonblätter. Diese krümmen sich dabei von dem Blütenboden weg und ihre unbenetzbaren konvexen Außenflächen legen sich auf die Wasserfläche, wobei die zwei schräg nach oben emporragenden fruchtbaren Staubblätter ihren stark klebrigen Pollen entblößen. Nun schwimmen die den Pollen darbietenden Staubblüten wie auf drei miteinander verbundenen Kähnen, vom Wasser und von der Luft bewegt, auf dem Wasserspiegel hin und her, bis sie zufällig zu den bereits offenstehenden weiblichen Blüten hingetrieben werden. Wie die hier wiedergegebene Abbildung zeigt, können dann die verhältnismäßig großen Pollenkörner leicht an die Fransen der empfangsbereiten Narben herankommen, an ihnen abgestreift werden und hängenbleiben. Die Klebrigkeit des Pollens verhindert dabei einerseits, daß Luftströmungen den Pollen ergreifen und von den Staubblättern wegtragen, und sie erleichtert andererseits das Festkleben an den Narbenästen. Bald nach der auf diese seltsame Weise erfolgten Bestäubung rollen sich die Stiele der weiblichen Blütenstände zu immer kürzer werdenden „Spiralen" ein. Sie ziehen dadurch die an ihren Enden befindlichen, bereits bestäubten weiblichen Blüten in das Wasser hinab, bis sie schließlich an dessen Grund ankommen, wo sie sich zur Frucht weiter entwickeln.

III. Das bewegte Wasser als Bestäubungsfaktor

Das Hornblatt und das Nixkraut. Es ist auffallend, daß die meisten Blütenpflanzen des Süßwassers bei der Übertragung des Pollens sich des Windes und nur ein verhältnismäßig kleiner Teil sich des bewegten Wassers bedient. Zu diesen gehören auch die in Mitteleuropa heimischen Arten des *Hornblattes* (Ceratophyllum, Abb. 20). Ihre Laubsprosse leben untergetaucht im Süßwasser und die Pollenübertragung geht stets unter Wasser vor sich. Die Blüten sind getrenntgeschlechtig und von grüner oder gelblicher Farbe.

Die Staubblätter lösen sich nach der Pollenreife in geschlossenem Zustande vom Blütenboden los. Während sie durch ihren Auftrieb im Wasser emporsteigen, öffnen sich die Staubbeutel und entleeren die massenhaft entwickelten Pollenkörner in das umgebende Wasser.

Diese *Pollenkörner* sind *rundlich oder etwas länglich* und verhältnismäßig groß (annähernd 0,045 mm breit und 0,060 mm lang). Ihre Haut ist zart und glatt und entbehrt einer besonderen Außenschichte. Das spezifische Gewicht der gut benetzbaren Körner entspricht annähernd dem des umgebenden Wassers, das am Wuchsorte des Hornblattes in der Blütezeit schließlich bald überall mit seinen freischwebenden Pollenkörnern durchsetzt ist. Dadurch wird die Belegung der unter dem Wasserspiegel verbleibenden Narben mit Hilfe des bewegten Wassers gesichert. Bei den ebenfalls untergetaucht lebenden zweihäusigen Nixkräutern (Najas-Arten, Abb. 21, 2) des Süß- und Brackwassers lösen sich die Antheren nicht von der Blüte los, sondern sie entleeren an Ort und Stelle ihren Pollen.

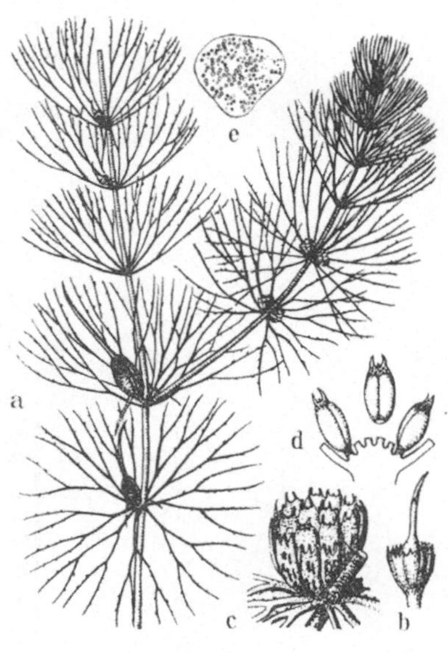

Abb. 20. Unter Wasser bestäubte Blütenpflanzen. *Rauhes Hornkraut*: a beblätterter Zweig, links oben mit weiblichen Blüten, links unten mit heranreifenden Früchten, rechts mit männlichen Blüten (annähernd nat. Gr.); b weibliche, c männliche Blüte, d Längsschnitt durch eine solche, mit sich loslösenden Staubblättern (ann. 5mal), e Pollenkorn (ann. 250mal) (Kombin. n. O. WARBURG, G. HEGI u. a.)

Ihre Pollenkörner treiben häufig schon in den Staubbeuteln lange Pollenschläuche und sie werden dann in diesem Zustand im Wasser verbreitet.

Der Wasserriemen. Von den untergetaucht im Meere lebenden Blütenpflanzen, die alle sich der Wasserbestäubung bedienen, seien nur noch die unter dem Namen *Wasserriemen* (Zostera, Abb. 21, 1) bekannten Wassergewächse kurz besprochen. Man

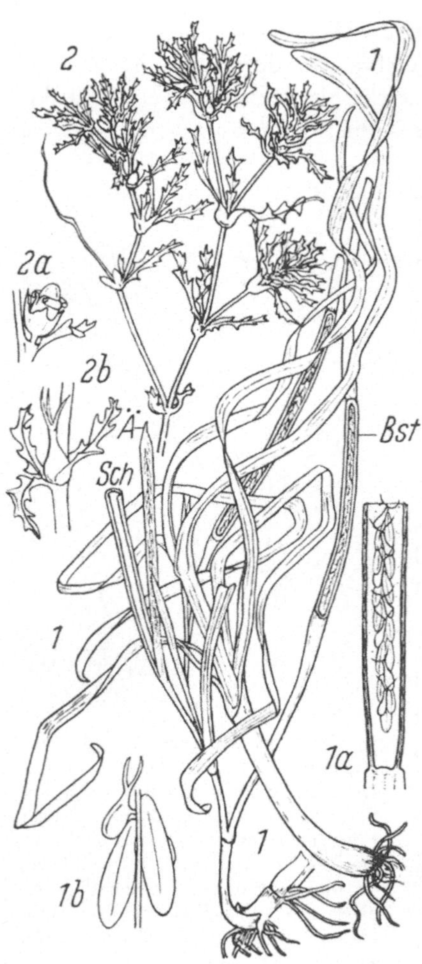

Abb. 21. Unter Wasser bestäubte Blütenpflanzen. 1 *Seegras (Zostera marina)*, mit Blütenständen *(Bst)*; auf der linken Seite wurde eine Blütenähre *(Ä)* aus der quer durchschnittenen Scheide *(Sch)* hervorgezogen; 1 a unterer Teil eines (zwitterigen) Blütenstandes, 1 b Stempel und Staubbeutel. 2 *Nixkraut (Najas marina)*, fruchtend; 2 a männliche, 2 b weibliche Blüte. (1 und 2 annähernd $^1/_2$ d. nat. Gr., 1 a ann. 1,5mal, 1 b 4,5mal; 2 a und 2 b ann. 2mal. Nach G. Hegi und R. v. Wettstein)

findet sie an seichteren Stellen in der Nähe der Meeresufer, in Lagunen und auch in brackigen Küstengewässern oft in dichten Beständen. Wegen des entfernt grasähnlichen Aussehens ihrer langen und schmalen Blätter hat man sie mit dem vieldeutigen Namen „Seegras" bezeichnet. Sie sind stark rückgebildete Formen von Blütenpflanzen, die als solche schon in früheren geologischen Zeiten vom Landleben zum Leben unter Wasser übergegangen sind. Die Rückbildungen zeigen sich uns besonders auch in der weitgehenden Vereinfachung im Bau der untergetaucht heranwachsenden und unter Wasser bestäubten Blüten. Andere Eigenschaften sind aber als ausgesprochene Neuanpassungen zu betrachten. Besonders auffallend ist die Tatsache, daß die reifen Pollenzellen einer fettigen Außenhaut (Exine) entbehren, so daß ihr lebender Inhalt nur von einer dünnen Zellulosehaut umgeben ist. Schon in den Antheren strecken sich die *Pollenzellen* zu *fadenförmigen Gebilden von*

2 *mm Länge*, wobei aber ihre Dicke bloß 0,008 mm beträgt, also nur etwa ein Viertel des Durchmessers des Pollenkorns der Hasel. In dieser Ausbildung gelangen sie beim Öffnen der Staubbeutel in das umgebende Wasser. Die etwa 3 mm langen Narben sind bereits empfangsfähig, während die fadenförmigen Pollen,,körner" derselben Pflanze sich noch in den geschlossenen Antherenhälften befinden. Dadurch ist nur Fremdbestäubung möglich. Die zunächst in größeren Flocken zusammenhängenden Pollenfäden werden nach ihrer Entleerung aus den Pollenfächern bald im Wasser verteilt und dann einzeln herumgetrieben, bis sie schließlich auch ab und zu an empfangsfähige Narben gelangen und so die Befruchtung der auch auf vegetativem Wege sich stark vermehrenden Pflanze ermöglichen.

Die Entstehung der Wasserblütigkeit. Die mit Hilfe des Wassers bestäubten Blüten verschiedener Pflanzenarten erinnern in ihrem Äußeren und im Bau oft auffallend an die Blüten der bedecktsamigen Windblütler. Dies geht darauf zurück, daß in beiden blütenökologischen Gruppen im Laufe ihrer Stammesgeschichte eine nachträgliche *Verkleinerung und Vereinfachung der Blüten* stattgefunden hat. Der Hauptunterschied zwischen den echten Wasserblütlern und den Windblütlern liegt in der *Beschaffenheit des Pollens*. Während nämlich die Pollenkörner der windblütigen Pflanzen stets eine aus zwei Schichten bestehende Haut besitzen, die sich aus einer inneren Zellulosehaut und einer äußeren fettigen (kutinisierten) Haut zusammensetzt, ist die Haut der Pollenkörner bei den echten Wasserblütlern nur einschichtig. Alle Blüten, die sich dauernd im Luftraum aufhalten und auch dort bestäubt werden, benötigen an ihren Pollenkörnern eine fettige Außenhaut, da diese, wenn sie dick genug ist, ein rasches Vertrocknen des lebenden Inhalts der Pollenkörner in der Luft und zugleich ein allzu starkes und dadurch gefährliches Verschrumpfen verhindert. Für Blütenpflanzen, die nicht mehr imstande waren, bei ihren Pollenkörnern eine äußere Haut zu entwickeln, gab es nur mehr den Ausweg, als untergetauchte Wasserpflanzen ihre Bestäubung unter Wasser durchzuführen, wo das Fehlen dieser Haut nicht schadet. Dagegen konnten die Pflanzen, die zwar mit ihren Laubsprossen zum Leben unter Wasser übergegangen sind, aber ihre Pollenkörner noch mit einer doppelten Haut auszustatten vermögen, in manchen Fällen auch abwechselnd sich unter Wasser der Wasserbestäubung und über Wasser sich der Windbestäubung bedienen. Dies ist z. B. heute noch bei der im Salz- und Brackwasser der Meeresküsten lebenden *Strand-Salde* (Ruppia martima) der Fall.

IV. Das Tier als Bestäubungsfaktor

a) Die Geschichte der Bestäubung durch Tiere

Nahrungsmittel aus Blüten. Als im Pflanzenreich vor Millionen von Jahren aus niedriger organisierten Wasserpflanzen die landbewohnenden Sporenpflanzen entstanden waren, und ebenso auch später, als sich diese zu den Blütenpflanzen weiter entwickelt hatten, ergaben sich für zahlreiche landbewohnende Tiere gerade *in den mit der Fortpflanzung zusammenhängenden Teilen des Pflanzenkörpers hochwertige und besonders für fliegende kleine Tiere bequem erreichbare Nahrungsmittel.* Vor allem waren es *die Sporen und die sporenerzeugenden Organe der Landpflanzen,* die sich verschiedene Tiere anzueignen begannen. Die Sporen enthalten ja sozusagen in bequemen kleinen Packungen verhältnismäßig große Mengen sehr wertvoller Nährsubstanzen, die die Pflanze für die erste Entwicklung ihrer aus den Sporen entstehenden Nachkommen bereithält. Überdies ist die unmittelbare Umgebung der sporenbildenden Organe gewöhnlich reich an Wasser und an Substanzen, die die Tiere zu ihrer Ernährung verwenden können. Auch konnten schon damals, als es bereits nacktsamige Blütenpflanzen gab, *die Bestäubungstropfen,* die aus den Samenanlagen hervorkamen, der Ernährung kleiner Tiere dienen, falls die Menge der ausgeschiedenen Flüssigkeit dafür ausreichte. Einen solchen Zustand zeigt heute noch die in Südeuropa vorkommende, bereits von Insekten bestäubte nacktsamige Ephedra campylopoda. Als schließlich bedecktsamige Pflanzen entstanden waren, die *an den Empfangsstellen der weiblichen Teile (Narben) eine schleimige zuckerhaltige Flüssigkeit* absonderten, konnte unter Umständen auch diese für die Ernährung kleiner Tiere von Bedeutung werden. Wir werden ein solches noch heute erfolgreiches Verhalten später bei der Bestäubung des Aronstabes kennen lernen.

Die *ersten Blütenpflanzen* sind ohne Zweifel *windblütig* gewesen. Sie dürften für die ersten Tiere, die die Blüten ausbeuteten —

es konnten damals nur Insekten gewesen sein —, so lange einen wesentlichen Wert gehabt haben, als die *Staubbeutel* noch geschlossen waren, weil aus den bereits geöffneten Pollensäcken die Pollenkörner rasch von den Luftströmungen verweht wurden und dadurch den Tieren dann nicht mehr zur Verfügung standen. Da die heutigen vom Wind bestäubten Blüten meist keinen nennenswerten Duft besitzen, kann wohl angenommen werden, daß auch in der Urzeit der Tierbestäubung die Blüten noch keinen starken Duft absonderten und dadurch für sie auch keine Möglichkeit einer sicheren Anlockung von Insekten bestand. Das Erscheinen dieser Tiere an solchen Blüten, die auch in optischer Hinsicht nicht besonders hervortraten, war also ganz dem Zufall überlassen, wie er sich gerade aus den Flügen der Tiere ergab, die sich auf der Suche nach Nahrung befanden. Es wird demnach die Ausbeutung der Blüten durch Tiere damals noch nicht sehr groß gewesen sein. Das zeigt auch das Verhalten der heute lebenden Insekten gegenüber den Windblütlern.

Die Klebrigkeit des Pollens. Die Blüten dürften demnach erst dann von *nahrungsuchenden Tieren* häufiger aufgesucht worden sein, als der Pollen nach und nach klebriger wurde und nicht mehr aus den offenen Antheren herausfallen und durch Luftströmungen verweht werden konnte. Dadurch stand nun der ganze *Vorrat an reifem Pollen* durch einige Zeit den pollenfressenden Tieren zur Verfügung.

Dies war das Ende der Windblütigkeit in der geschichtlichen Entwicklung bestimmter Pflanzenarten, während andere weiterhin bis zum heutigen Tag in ihrer Bestäubung vom Winde abhängig geblieben sind. Dieselbe *Klebrigkeit der Pollenkörner*, die ihre Windverbreitung bei bestimmten Pflanzen nunmehr verhinderte, ergab aber glücklicherweise auch die Möglichkeit einer Übertragung des Blütenstaubes auf die Eingangspforten (Mikropylen) der freiliegenden Samenanlagen oder auf die Narben durch pollenverzehrende kleine Tiere. Denn, wenn sich ein pollenfressendes Tier zwischen den offenen Staubblättern herumbewegte und immer wieder an diese anstieß, blieben die klebrigen Pollenkörner an verschiedenen Körperstellen der Tiere meistens so fest haften, daß sie durch die Körperbewegungen der Tiere nicht sogleich abgeschüttelt und auch später durch den Luftwiderstand beim Flug nicht vom

Körper abgescheuert wurden. Stieß ein solches pollenbedecktes Tier zufällig an die Öffnung einer freiliegenden Samenanlage oder an eine Narbenstelle an, dann konnte sich auch hier der bisher am Körper des Tieres haftende Pollen festsetzen, auskeimen, und wenn es sich um dieselbe Pflanzenart handelte, die Befruchtung anbahnen.

Duftende Blüten. Wir wissen von zahlreichen heute insektenblütigen Pflanzen, daß ihre *Staubbeutel* und auch die *Pollenkörner* einen *kräftigen Duft* entwickeln können. Es ist möglich, daß dieser Duft irgendwie auch mit der Ausbildung des Pollenkittes zusammenhängt. Ein solcher Duft ist wohl stets imstande gewesen, verschiedene duftempfängliche Insekten wenigstens aus geringen Entfernungen zu den Blüten zu locken. Es ist deshalb anzunehmen, daß bei der Entstehung der Insektenblütigkeit aus der Windblütigkeit auch schon in früheren geologischen Erdperioden zugleich mit der Klebrigkeit des Pollens die Duftwirkung der fertigen Staubblätter und die des reifen Pollens in Erscheinung getreten ist. Auf diese Weise wurde das Aufsuchen solcher Blüten durch pollenfressende Tiere und damit die Bestäubung immer mehr von dem meist unsicheren Zufall unabhängig. Blütenteile, die bei den bedecktsamigen Pflanzen später durch Umwandlung aus Staubblättern entstanden sind, konnten dann die Duftstoffausbildung der Staubbeutel übernehmen und ergänzen oder auch ganz ersetzen. Dies gilt besonders für zahlreiche *duftende Nektarblätter und Blumenblätter* insektenblütiger Pflanzen, deren Duft für die betreffende Blüte kennzeichnend geworden ist. Dieser wurde nun zu einem um so wichtigeren Anlockungsmittel für die Blüteninsekten, je mehr sich deren Sinnesfähigkeiten im Verlaufe ihrer weiteren Entwicklung differenzierten und steigerten. Schließlich wurden auch *optische Auswirkungen der Blütenregion*, besonders aber die vom Grün des benachbarten Laubes abweichende Helligkeit und Farbe verschiedener Blütenteile, zu einem Fernanlockungsmittel für die blütenbesuchenden fliegenden Tiere. Sobald sich bei einigen dieser Besucher auch eine Art von Gedächtnis für Sinneseinwirkungen einstellte, war bei zahlreichen Blütenarten noch eine weitere Sicherung und Steigerung des Blütenbesuches gewährleistet, da diese Tiere nun auch ihre Erfahrungen über Erfolg und Mißerfolg von Blütenbesuchen für die Ökonomie der späteren Anflüge und Besuche verwerten konnten.

Nektar und Nektarblumen. Bei der im Laufe der stammes-
geschichtlichen Entwicklung immer weiter fortgesetzten Ausgestaltung der Blüten verschiedener Pflanzenfamilien war eine
gesteigerte Versorgung der heranwachsenden und sich entfal-
tenden Blüten mit den in den grünen Blättern und Stengeln er-
zeugten Baustoffen und Betriebsstoffen, vor allem mit verschiedenen *Zuckerarten* zustandegekommen. Wir verstehen, daß bei
Blüten, die überreichlich mit solchen in Wasser gelösten Kohle-
hydraten beliefert wurden, die nicht gebrauchten Mengen dieses
ungehemmten Zuflusses schließlich an bestimmten Teilen der
Blüten *als Überlauf* zum Vorschein kommen und sich an geeigneten
Stellen der Blütenoberfläche ansammeln konnten. Die in den
Blüten ausgeschiedenen Zuckerlösungen wurden dann von den
blütenbesuchenden Tieren gern und reichlich aufgenommen und
sie bilden auch heute noch ein wichtiges und in vielen Blüten
das einzige Verköstigungsmittel blütenbesuchender Tiere. Alle
diese innerhalb und außerhalb der Blüten ausgeschiedenen Zuckerlösungen bezeichnen wir als *Nektar* und die ausscheidenden
Organe als *Nektarien*.

Der Bestäubungswert der Zwitterblüte. Die größten Erfolge
hinsichtlich der Spezialisierung und der Ökonomie der Bestäubung
konnten die Blüten der Samenpflanzen erst dann erzielen, als
immer mehr ursprünglich getrenntgeschlechtige Blüten verschiedener primärer Windblütler, wie wir sie heute noch bei unseren
Nadelhölzern finden, nach und nach zu Zwitterblüten vereinigt
wurden. Die Bedeutung einer solchen *Zusammenlegung beider Geschlechter in eine Blüte* ist hinsichtlich des Bestäubungserfolges
leicht einzusehen, wenn man bedenkt, daß in der Urzeit der Tierbestäubung die rein männlichen Blüten den sie ausbeutenden
Insekten als Futter nur eine ausreichende Menge von Pollen
liefern konnten, während die gleichzeitig an anderen Stellen vorhandenen rein weiblichen Blüten (Samenblüten) derselben Art
den sie besuchenden Tieren lediglich eine verhältnismäßig geringe
Menge nahrhafter Flüssigkeit an den Öffnungen der Samenanlagen
und später bei den bedecktsamigen Pflanzen allenfalls als Narbenflüssigkeit darzubieten vermochten. Zum Verzehren des Pollens
waren nur Insekten mit beißenden Mundwerkzeugen geeignet,
während die Aufnahme von Flüssigkeiten wohl den meisten

Insekten irgendwie möglich gewesen ist. Die Wahrscheinlichkeit, daß dieselben Insektenindividuen nach dem Besuch der einen Blütenform bald darauf auch die andere derselben Art aufsuchten und sich längere Zeit in ihr betätigten, war demnach bei den getrenntgeschlechtigen Blüten alter Bauart infolge ihrer verschiedenen Verköstigungsmittel sehr gering. Die Ausbildung von Zwitterblüten hat nun die Wahrscheinlichkeit der Übertragung der Pollenkörner auf die Mikropylartropfen oder Narben derselben Pflanzenart mit einem Schlage ganz bedeutend vergrößert.

Ein anderer Weg zur Überwindung der mit der Trennung der Geschlechter verbundenen Bestäubungsschwierigkeit war der, daß sowohl in den weiblichen, als auch in den von ihnen noch getrennten männlichen Blüten Nektar ausgeschieden wurde.

Auch dieser Weg ist nach und nach von zahlreichen Pflanzenarten beschritten worden. Er hat im Zusammenhang mit der Zwittrigkeit und anderen Verbesserungen der Blüteneinrichtungen, vor allem zusammen mit dem stärkeren Klebrigwerden der Pollenkörner, den regelmäßigen Blütenbesuch auch auf solche Insekten erweitern können, die infolge Mangels an beißenden Mundwerkzeugen nicht imstande waren, sich des Pollens als Futter zu bedienen.

Zwitterblüten mit reichlichem Pollen und leicht zugänglichem Nektar ergaben zunächst die Möglichkeit eines vielseitigen erfolgreichen Blütenbesuches durch recht verschiedene Insektenarten. Manche Zwitterblüten sind bis heute in diesem Zustande geblieben. Aus anderen Zwitterblüten mit Nektarausscheidung hat sich im Laufe der Zeit eine große Menge von Blütenformen entwickelt, die sich nur mehr für den Besuch bestimmter Tiergruppen eigneten.

Schließlich sei noch darauf hingewiesen, daß in späteren Zeiten aus nektarhaltigen Zwitterblüten durch *Verminderung und oft gänzliche Unterdrückung der Organe des einen Geschlechtes* vielfach wieder, wenn auch teilweise verkleinerte, aber trotzdem Nektar ausscheidende *eingeschlechtige Blüten* weiblicher und auch männlicher Beschaffenheit entstanden sind. Das Weiterbestehen der Nektarausscheidung in solchen Blüten beider Geschlechter ist besonders wichtig, wenn diese auf verschiedene Individuen verteilt, also die Pflanzen zweihäusig sind. Nur dadurch, daß sich die Insekten von den Blüten der männlichen und der weiblichen Pflanzen den Nektar holen, kann eine Bestäubung zustandekommen. Dies gilt z. B.

für unsere Weiden mit ihren zu eingeschlechtigen Kätzchen vereinigten stark verkleinerten Blüten (Abb. 22). Durch Wegfall des einen Geschlechts entstandene eingeschlechtige Blüten können auch auf einer und derselben Pflanze dicht zusammengedrängt mit noch vorhandenen vollwertigen Zwitterblüten größere Blütenstände bilden, die sich nun hinsichtlich ihrer Bestäubungsmöglichkeiten ebenso verhalten wie zwittrige Einzelblüten. Solche Verbände kleinster Blüten finden wir u. a. bei den Korbblütlern (Kompositen), wobei am Rand der Körbchen wie bei der Kornblume (Centaurea cyanus) auch völlig geschlechtslos gewordene, aber besonders augenfällige Blüten vorhanden sein können.

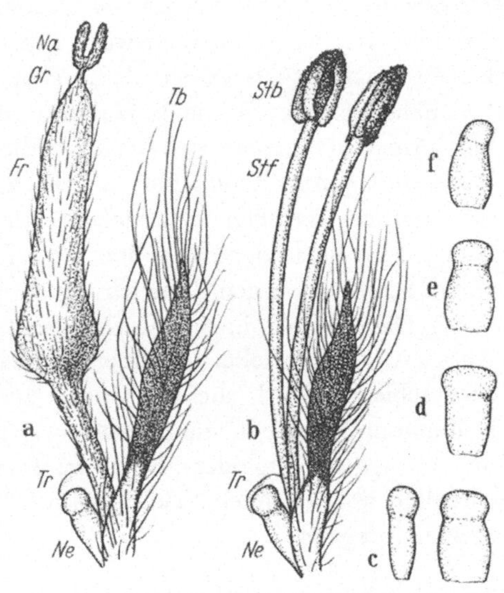

Abb. 22. Blüten der *Grauen Weide (Salix cinerea)*. a weibliche, b männliche Blüte mit Tragblatt *Tb*; *Fr* Fruchtknoten mit Griffel *Gr* und Narbe *Na*, *Ne* Nektardrüse mit Nektartropfen *Tr*, *Stf* Staubfaden mit Staubbeutel *Stb*; c Nektardrüse von der Schmalseite (wie bei a u. b) und von der Breitseite; d, e, f weitere Nektardrüsen (Breitseite) (Vergr. 11mal)

Pollenblumen neuen Stils. Es gibt heute noch zahlreiche Blütenarten, die keinen Nektar absondern, sondern ihren Besuchern nur *klebrigen Pollen*, aber diesen *in großen Mengen* darbieten. Solche Pollenblumen sind zum Unterschied von jenen alten Stils nicht grün, sondern irgendwie anders gefärbt, so daß sie sich optisch vom Grün ihrer Umgebung deutlich abheben, und sie zeigen auch einen mehr oder weniger ausgeprägten Duft. Als Bestäuber dieser Blumen kommen mit verschwindenden Ausnahmen nur *Insekten* in Betracht und unter ihnen vor allem verschiedene Arten von *Käfern*, die den Blütenstaub an Ort und Stelle verzehren, besonders aber auch *pollensammelnde Hautflügler*. Solche Blüten sind verhältnismäßig einfach gebaut und sie stehen ihren

Besuchern gewöhnlich weit offen zur Verfügung. Sie erzeugen in den zahlreichen Staubblättern viel mehr Pollen, als bei ökonomischer Verwendung für die Bestäubung erforderlich wäre. Als Beispiele solcher Blüten seien die nektarlosen Zwitterblüten des *Roten Feldmohns* (Papaver rhoes und P. dubium) und der wilden *Heckenrosen*, sowie die *Pfingstrosen* (Paeonia-Arten) genannt. Letztere sind dadurch bemerkenswert, daß sie im Innern der Blüte keinen Nektar ausscheiden, dafür aber an der Außenseite der Kelchblätter, wo er für die Bestäubung wertlos ist und gewöhnlich von Ameisen verzehrt wird. Auch die Zwitterblüten unserer *Hahnenfuß-Arten* (Ranunculus acer u. a.) sind mit zahlreichen Staubblättern versehen und ebenfalls in erster Linie Pollenblumen, doch bieten sie an der Basis ihrer sattgelben Blumenblätter unter einem Schüppchen den Besuchern auch etwas Nektar (Abb. 27f, S. 55). Das Gleiche gilt für die *Kuhschelle* (Anemone pulsatilla u. a., Abb. 27a), deren Nektar durch einen Kranz von Nektarkölbchen ausgeschieden wird, die sich innen am Grunde der violetten Blütenhüllblätter befinden. Zwischen solchen pollenreichen Blüten und jenen, die wenig oder (als rein weibliche Blüten) keinen Pollen enthalten, aber reichlich Nektar ausscheiden (Nektarblumen), gibt es alle Übergänge.

b) Pollen und Nektar in hochentwickelten Blüten

Pollenpakete und andere Pollenverbände. Nicht immer wird der Pollen einer Blüte von dieser in einzelnen losen Körnern oder in lockeren Korngruppen an die Besucher übergeben. Bei einigen Blütenarten bleiben vielmehr die *Pollenkörner zu viert*, also im *Tetradenverband* beisammen und sie werden auch so weitergegeben. Manchmal sind sie einzeln oder in Tetraden durch Fäden einer klebrigen Substanz, die sich dem Leim der Mistelbeeren (Vogelleim) ähnlich verhält und daher als *Viscin* bezeichnet wird, zu unregelmäßigen Netzen vereinigt, so daß sie in dieser Form übernommen und weitergegeben werden müssen. In wieder anderen Fällen sind die Pollenkörner untereinander durch eine solche Menge einer dickflüssigen öligen Substanz verbunden, daß der Pollen eine *schmierige und stark klebrige Masse* darstellt, die sich am Körper der Besucher festklebt. Dies ist beim *Frauenschuh*

(Cypripedium calceolus), einer sehr bekannten Orchidee, der Fall. Bei den meisten anderen Orchideen und bei den Seidenpflanzengewächsen (Asclepiadazeen) bleibt der ganze Pollen, der in einem Antherenfach (Pollensack) erzeugt wird, zu einer dichten aber nicht klebrigen Masse vereinigt, wodurch er eine Art von Paket bildet. Mit diesem *Pollenpaket (Pollinium)* ist dann eine eigene *Klebscheibe* oder ein besonderer *Klemmkörper* fest verbunden, womit es sich beim Blütenbesuch an den Insektenrüssel oder an einen anderen Körperteil anheftet. Das Tier muß dadurch beim Verlassen der Blüte das Paket samt seiner Befestigungseinrichtung *(Pollinarium)* mitnehmen, worauf es dann in einer anderen Blüte meist wieder an den Narben abgestreift wird. Die Pollenkörner, die ein solches Paket zusammensetzen, keimen gewöhnlich auf der Narbe gemeinsam aus, und es wächst nun von der Übernahmestelle ein dicker, aus vielen eng aneinanderliegenden Pollenschläuchen bestehender Strang bis zu den im Fruchtknoten vorhandenen zahlreichen Samenanlagen hinab. Blüten, die mit solchen Pollenpaketen ausgestattet sind, werden wir noch später genauer kennenlernen.

Beköstigungsantheren und sonstige Futtermittel. Es gibt auch Pflanzen (z. B. *Cassia*-Arten), in deren Blüten nur ein Teil der Antheren normalen Pollen hervorbringt, der sich für die Bestäubung und Befruchtung eignet. Bestimmte andere Antheren derselben Blüte wandeln sich dagegen hier in sogenannte *Beköstigungsantheren* um, die das sonst für den Aufbau des fruchtbaren Pollens dienende Material zur Herstellung pollenähnlicher, jedoch steriler Zellen verwenden, die aber durch ihren besonderen Gehalt an Nährstoffen ein sehr brauchbares, hochwertiges Futtermittel für die Blütenbesucher darstellen. Die fertigen Beköstigungsantheren werden von den Insekten ihres Inhaltes beraubt, während diese Tiere zugleich von den in derselben Blüte vorhandenen funktionstüchtigen Antheren den für die Bestäubung notwendigen Pollen übernehmen oder den mitgebrachten an die Narben weitergeben.

Dies führt uns hinüber zu den *Futtergeweben*. Solche finden wir u. a. bei verschiedenen *Orchideen* als Ersatz für einen dort nicht vorhandenen Nektar und statt der als Nahrung nicht verwertbaren Pollenpakete. Sie sind reich an Zucker und Eiweiß und sie werden von den besuchenden Hautflüglern entweder mit ihrem Rüssel angebohrt, ausgesaugt und so ihres Saftes beraubt, oder zerbissen und als Brei verschluckt. Bei unseren einheimischen *Knabenkraut-* (Orchis)-Arten ist das Innere des kurzen Blütensporns mit einem leicht anbohrbaren zuckerhaltigen Futtergewebe ausgekleidet, das die Besucher mit ihren Rüsseln bearbeiten und ausbeuten. Dagegen wird bei anderen in Europa wachsenden Orchideen, z. B. bei den Arten des *Friggagrases* (Gymnadenia) und bei der *Waldhyazinthe*

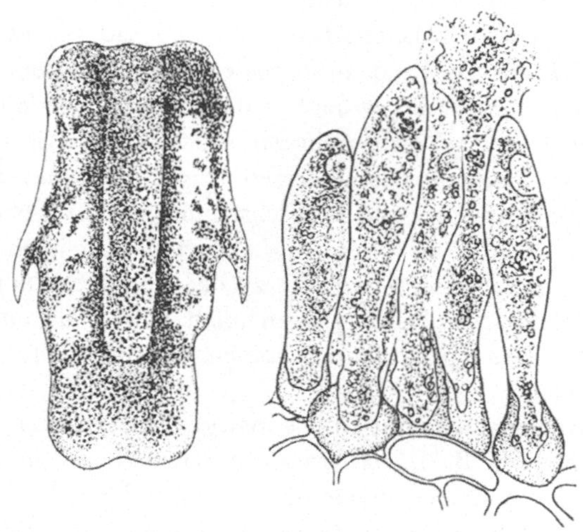

Abb. 23. Futterhaare. Links: Blütenlippe der brasilianischen Orchidee *Maxillaria rufescens* (4mal), auf bräunlichgelbem Grund purpurn bis braun gescheckt. In der Mittellinie eine flache Erhöhung, aus dicht gedrängten Futterhaaren bestehend. — Rechts: einige dieser eiweiß- und fettreichen Haare (ann. 130mal, nach O. Porsch)

(Platanthera) in den langen Spornen eine große Menge von verhältnismäßig dünnflüssigem Nektar dargeboten. Man sieht daraus, daß bei den Orchideen die Futtergewebe und die Nektarausscheidung teilweise auf dieselben anatomischen Voraussetzungen zurückgehen. Wieder andere Orchideen-Blüten halten für ihre Besucher zahlreiche, oft zu dichten Polstern aneinandergereihte *Futterhaare* (Abb. 23) bereit. Es sind dies langgestreckte Ausgliederungen der Oberhaut, die in ihrem lebenden Inhalt reichlich Eiweiß aufspeichern, und dazu noch andere wertvolle Nahrungsstoffe, besonders Fett. Auch die Futterhaare werden von den Insekten zu einem Brei zerbissen und verschluckt.

Besonderheiten der Nektarausscheidung und der Nektarübernahme. Die Ausscheidung von Nektar kann in den so mannigfaltig ausgebildeten Blütenarten an sehr verschiedenen Stellen und in sehr verschiedenem Ausmaß vor sich gehen. Oft treten die Zuckerlösungen an den Enden der Blütenleitbündel in die Zellzwischenräume hinaus und sie gelangen, wenn diese schon überfüllt sind, durch dort befindliche *Spaltöffnungen (Saftspalten)* an die Blütenoberfläche, wo sie dann von den blütenbesuchenden Tieren aufgeleckt oder aufgesaugt werden können. In anderen Fällen sind es eigene *Hautdrüsen*, die in den Blüten die Abgabe zuckerhaltiger Flüssigkeiten besorgen. Besonders reichlich wird der Zuckersaft von jenen umfangreichen *Drüsengeweben* ausgeschieden, die sich in den *Scheidewänden der Fruchtknoten* einkeimblättriger Pflanzen befinden (Abb. 24). Die aus den Zwischenräumen der Scheidewände herausfließende dünnflüssige Zuckerlösung sammelt sich oft in großen Mengen im Grunde der Blütenröhre an. Sie steigt in bestimmten aufrechtstehenden Blüten manchmal so hoch empor, bis

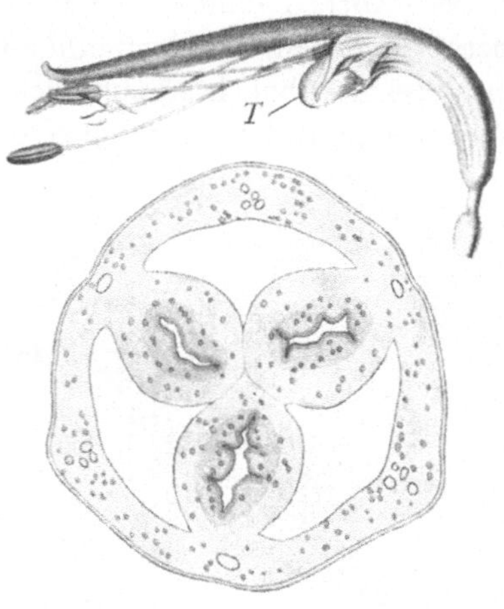

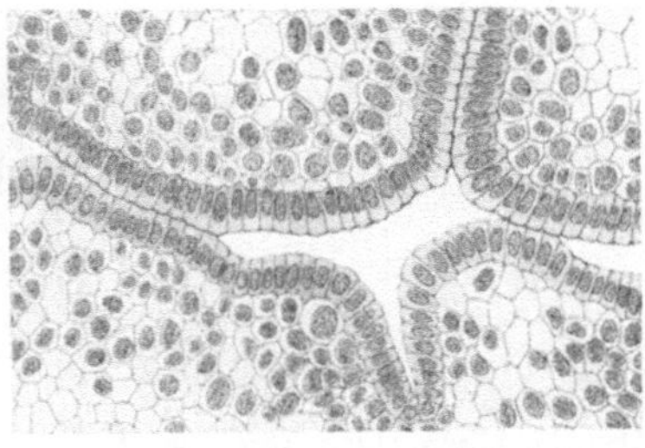

Abb. 24. *Antholyza bicolor.* Oben: besuchsbereite Blüte in natürlicher Stellung, von der Seite gesehen, mit hervorquellendem großen Nektartropfen T ($^2/_3$). Mitte: Querschnitt durch den von Samenanlagen freien oberen Teil des Fruchtknotens; in den drei verdickten Scheidewänden spaltenförmige Hohlräume, die von Nektardrüsengewebe ausgekleidet sind (10fach). Unten: Teil einer solchen Scheidewanddrüse; die nektarführenden Hohlräume sind weiß gehalten (ann. 100fach) (nach O. PORSCH)

der gewölbte Flüssigkeitsspiegel aus dem Blüteneingang hervorschaut (Abb. 24 oben). Bei dem hier abgebildeten Beispiel wird

die Bestäubung von südafrikanischen Blumenvögeln durchgeführt.

Bei manchen Blüten kommt der Nektar aus nicht irgendwie
hervortretenden Geweben an die Oberfläche der Blüte, während
er sonst gewöhnlich an äußerlich abgegrenzten Teilen, an Vorsprüngen (z. B. Nektarschuppen der *Weidenblüten*, Abb. 22, S. 47)

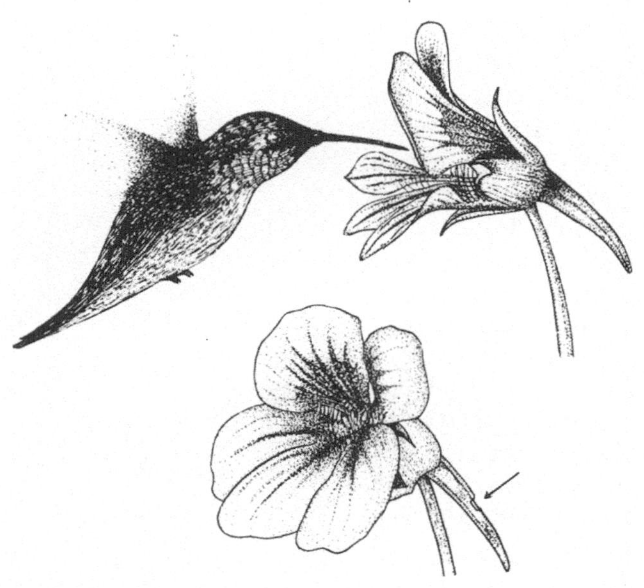

Abb. 25. Oben: Der *Rotkehlige Kolibri*, frei schwebend vor einer Blüte der
Kapuzinerkresse, beim Einführen des Schnabels in die Blütenöffnung. Rechts
an der Blüte der Nektarsporn. Unten: Eine solche Blüte, in deren Sporn
(beim Pfeil) eine Räuberhummel ein Loch gebissen hat, durch das sie ohne
Schwierigkeit mit ihrem kurzen Rüssel zum Nektar gelangen kann ($^3/_4$ d.
nat. Gr., z. T. nach Henshaw u. Fuertes; Blütendarstellung Original)

oder auch in mehr oder weniger tiefen Gruben oder sackförmigen
Gebilden *(Spornen)* zur Ausscheidung gelangt. So wird z. B. bei
den Blüten der *Kapuzinerkresse* (Tropaeolum majus, Abb. 25) der
Nektar *innen im Spornende* ausgeschieden und steigt dort allmählich
bis über die Hälfte der Spornlänge empor. In anderen Fällen wird
der Nektar jedoch *über einem Sporn oder Sack* ausgeschieden und er
fließt dann durch seine Schwere in den Hohlraum hinab, der ihm
nur als *Vorratsort (Nektarbehälter)* dient. Dies ist bei der Blüte des

gewöhnlichen *Leinkrautes* (Linaria vulgaris), mit der wir uns noch später (S. 128 ff. und Abb. 64) befassen wollen, der Fall.

Oft ist ein Teil des Blütenbodens, an dem die Staubblätter und Gehäuseblätter entspringen, von einem drüsenartigen Gewebe ausgekleidet, das eine ringförmige oder scheibenförmige Gestalt besitzt und durch eine poröse Außenhaut (Kutikula) oder durch besondere Saftspalten den Nektar an die Oberfläche gelangen läßt, wo er bei genügender Luftfeuchtigkeit in großen Tropfen sich ansammelt. Bei zahlreichen Blütenarten, so bei den *Schirmblütlern* (Umbelliferen) und beim *Efeu* (Hedera helix, Abb. 26) finden wir eine zusammenhängende *Drüsenscheibe (Diskus)*, die sich von der Basis der Griffel ringsum bis zu den Ansatzstellen der Staubblätter erstreckt. Der hier ausgeschiedene Nektar ist vielfach frei der Luft und den Sonnenstrahlen ausgesetzt, so daß er bald sein Wasser verliert und oft so sehr eindickt, daß er nur von solchen Tieren übernommen werden kann, die den Nektarrückstand mit Hilfe einer aus ihrem Munde abgegebenen Flüssigkeit wieder aufzulösen imstande sind. Wenn dagegen der Nektar von irgendwelchen Blütenteilen verdeckt wird oder in Vertiefungen geborgen ist, bleibt er dünnflüssig, wie er ausgeschieden wurde. Auch kann er nicht so leicht vom Regen hinweggespült oder vom Tau verwässert werden, wie bei offenliegenden Nektarquellen. Aus solchen oft sehr tiefen Nektarbehältern kann er dann nur von Tieren mit genügend langen Saugorganen (Saugrüsseln oder Schnäbeln) entnommen werden.

Die vorhin erwähnte, in unseren Gärten häufig angepflanzte *Kapuzinerkresse* (Tropaeolum majus) ist wegen der leuchtenden Farben ihrer Blüten allgemein beliebt. Sie hat ihre Heimat in Peru,

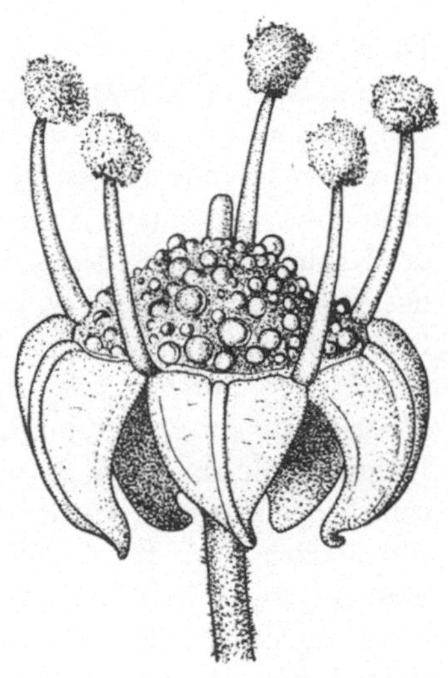

Abb. 26. Blüte des *Efeu (Hedera helix)* in feuchter Luft: die freiliegende Nektardrüse ist von zahlreichen Nektartröpfchen bedeckt (8 mal)

wird aber auch in den südlichen Teilen der Vereinigten Staaten von Nordamerika kultiviert, wo sie von dem *Rotkehligen Kolibri* (Trochilus colubris, Abb. 25) bestäubt wird. Der etwa 2,5 cm lange, kräftige Sporn ihrer Blüten eignet sich sehr gut für den Besuch dieses Vogels. Bei uns in Mitteleuropa gibt es keine Blumenvögel. Dafür werden hier durch die lebhaft feuergelben Blüten vor allem verschiedene Arten von *Hummeln* angelockt. Diese bemühen sich jedoch größtenteils vergeblich, vom Blüteneingang her zum Nektar zu gelangen. Für die kurzrüsseligen unter den Hummeln ist der Sporn nämlich viel zu lang, so daß sie den in seinem Grunde ausgeschiedenen Nektar auf normalem Wege nicht erreichen können. An den bei uns angepflanzten Exemplaren der Kapuzinerkresse pflegen daher z. B. die *Räuberhummeln* (Bombus mastrucatus) mit ihren kräftigen gezähnten Kiefern aus den Blütenspornen in der unteren Hälfte von außen her ein Loch herauszubeißen, durch das sie mit ihrem nur etwa 9—12 mm langen Rüssel nun bequem den im Spornende vorhandenen Nektar sich aneignen können (Abb. 25 unten). Da bei einem solchen dem natürlichen Zugang zum Nektar ausweichenden Verfahren selbstverständlich keine Bestäubung zustandekommen kann, hat man diese Art von Nektarbezug als *Nektarraub* bezeichnet. In derselben Weise eignen sich diese Räuberhummeln auch von anderen Blüten mit tief geborgenem Nektar den Zuckersaft an. Aus Hummelbißlöchern pflegen dann auch die verhältnismäßig kurzrüsseligen Honigbienen, ohne eine Bestäubung durchzuführen, sozusagen als *Diebe* den sonst für sie unzugänglichen Nektar zu entnehmen. Es gibt aber auch *blumenbesuchende Vögel* (Honigvögel) die, wie später S. 142 gezeigt werden soll, sich mit ihrem für den normalen Nektarbezug aus langröhrigen Blüten zu kurzen Schnabel den Nektar durch *seitliches Aufschlitzen der Blütenröhre*, also ebenfalls als Nektarräuber verschaffen (Abb. 71).

Häufig sind bestimmte Blütenblätter als Träger der Nektarien in besonderer Weise umgebildet. Wir nennen sie *Nektarblätter*. In ihrer Leistung unterstützen sie als farbige Gebilde mehr oder weniger die Schaueinrichtungen der Blüten und sie liefern in manchen Fällen auch den wesentlichsten Bestandteil des Blütenduftes. Hinsichtlich ihrer Gestalt zeigen sie eine große Mannigfaltigkeit, von der in der Abb. 27 einige Beispiele wiedergegeben wurden. Vielfach deuten sie als kölbchenförmige Gebilde ihre Herkunft aus umgewandelten Staubblättern an, so bei der *Frühlings-Kuhschelle* (Anemone vernalis, Abb. 27a). Beim *Winterling* (Eranthis hiemalis, b) sind sie gestielte Düten, in deren Grund der Nektar ausgeschieden wird. Der *Wolfs-Eisenhut* (Aconitum vulparia, c) besitzt in jeder seiner zygomorphen Blüten zwei lang-gestielte aufrechte Nektarblätter, in deren etwas erweitertem Spornende sich das Nektarium befindet. Bei der *Akelei* (Aquilegia vulgaris, d) enthält die radiäre Blüte fünf verkehrt-dütenförmige Nektarblätter, wobei hier und im vorigen Fall der Nektar aber nur langrüsseligen Hautflüglern zugänglich ist. Eine besondere Geschicklichkeit der Bienen erfordert die Nektarentnahme aus der radiären Blüte des *Acker-Schwarzkümmels* (Nigella arvensis, e). Seine meist acht ringförmig angeordneten Nektarblätter sind als hohle dreilappige Gebilde entwickelt, in deren knieförmigem Grund der Nektar ausgeschieden wird. Der Zugang zum Nektarraum ist hier nur solchen Tieren möglich, die den als federnden Deckel *(D)* wirkenden Mittellappen mit ihrem Rüssel genügend hoch empor heben können. Bei den *Hahnenfuß*-Arten sind die Nektarblätter zugleich die einzigen wirksamen *Schaueinrichtungen der Blüte*. Beim *Scharfen Hahnenfuß* (Ranunculus acer, f) bildet eine Schuppe am Grund der Nektarblätter eine kleine Tasche, die den dort ausgeschiedenen Nektar birgt. Schließlich sehen wir in der Blüte des *Studentenröschens* (Parnassia palustris, g) fünf handförmige, duftende Nektarblätter, auf deren Oberseite in zwei Gruben Nektar vorhanden ist. Jeder der meist zahlreichen fingerförmigen Fortsätze

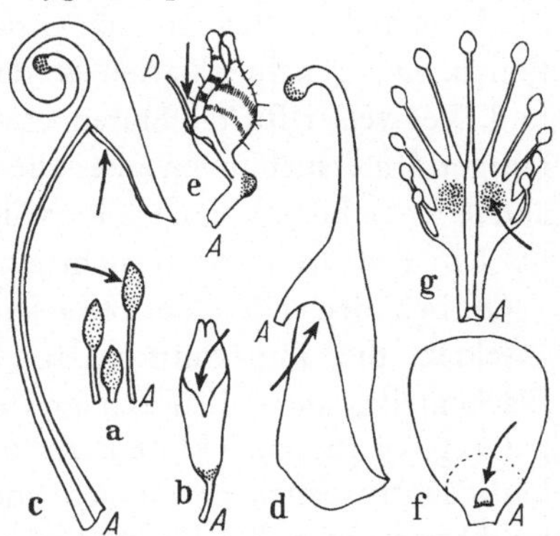

Abb. 27. Nektarblätter: a *Frühlings-Kuhschelle* (3,5mal), b *Winterling* (3mal), c *Wolfs-Eisenhut* (3mal), d *Akelei* (2mal), e *Acker-Schwarzkümmel* (2,5mal, *D* Deckel), f *Scharfer Hahnenfuß* (1,5mal), g *Studentenröschen* (4,5mal). a, b, f, g Flächenansicht (Blattoberseite); c, d, e Seitenansicht. Nektarausscheidende Stellen durch Punktierung hervorgehoben, Zugang zum Nektar durch einen Pfeil angedeutet. *A* Anheftungsstelle (Basis) des Blattes. Näheres im Text

des Nektarblattes trägt hier an seinem Ende einen im Sonnenschein glänzenden aber nektarlosen Knopf. Solche glänzende Knöpfe täuschen nach der Meinung einiger Blütenforscher den von der Blüte angelockten Insekten ebensoviele Nektartröpfchen vor. Diese „Scheinnektarien" sollen bewirken, daß die Besucher auf sie zugehen, sie mit dem Rüssel abtasten, und von ihnen aus schließlich den Weg zu den benachbarten richtigen Nektarien finden. Die Scheinnektarien wären somit Nahanlockungsmittel und Wegweiser für die blütenbesuchenden Insekten. Trotz sorgfältiger Untersuchungen über die optische Wirkung dieser und ähnlicher Gebilde konnte jedoch die Frage nach ihrer blütenbiologischen Bedeutung noch nicht einwandfrei beantwortet werden.

Oft befinden sich in der Nähe jener Stellen, wo in der Blüte den Insekten die Futtermittel dargeboten werden, andersfarbige Flächenteile, die sich durch größere Sättigung der in der Umgebung vorhandenen Blütenfarbe oder auch durch kontrastierende Farbflächen manchen Insekten oder Wirbeltieren besonders bemerkbar machen. Sie dienen diesen Tieren vor allem bei der Wiederholung ihrer Besuche als Wegweiser in der Blüte. Man hat solche optisch abweichende Stellen der Nektarblumen als *Saftmale* und die der nektarlosen Blüten als *Pollenmale* bezeichnet. Dergleichen Male können aber nur bei hochentwickelten Blütenbesuchern wirksam werden, die einen ausgeprägten Farbensinn besitzen und dazu eine Art von Gedächtnis für bestimmte Lichteindrücke. Daß derartige Zeichnungen tatsächlich von Schmetterlingen, Hummeln und Honigbienen beim Blütenbesuch mit Erfolg verwendet werden können, wurde durch eingehende Experimente mit Sicherheit nachgewiesen. Versuche der letzten Zeit haben überdies gezeigt, daß solche Saftmale auch einen besonderen Duft aufweisen können, so daß sie zugleich zu „Duftmalen" werden, die unter Umständen auch eine Bedeutung für das Auffinden des Futters haben können.

c) Die Eignung bestimmter Tiere für den Blütenbesuch

Das Bewegungsvermögen der Blütenbesucher. Im Dienste der Bestäubung können nur solche Tiere erfolgreich tätig sein, die sich nicht nur rasch von Blüte zu Blüte begeben können, sondern auch imstande sind, in den Blüten bestimmte Bewegungen durchzuführen, deren Erfolg die unbeabsichtigte und unbewußte Übertragung des Blütenstaubes auf die Empfangsstellen der weiblichen Teile ist. Der nach einem Blütenbesuch an den Tieren haftende Pollen darf aber zwischen zwei Blütenbesuchen nicht an irgend welchen beliebigen Gegenständen abgestreift werden, sondern er muß möglichst bald und unvermindert bei der nächsten Blüte derselben Art ankommen. Dies ist bei *fliegenden Tieren* am besten gewährleistet. Doch muß der Pollen auch beim Flug fest genug an der Körperoberfläche des Bestäubers haften. Irgendwelche an verschiedenen Teilen einer Pflanze umhersteigende *Tiere ohne Flugvermögen* sind für die Fremdbestäubung nicht so gut geeignet, da sie den größten Teil des übernommenen Blütenstaubes beim Herumwandern an den Laubblättern und anderen Pflanzenteilen wieder abstreifen, bevor sie in die nächste Blüte derselben Art kommen. Der Besuch durch fliegende Tiere hat für die Blüten auch noch den Vorteil, daß von ihnen die für die Bestäubung günstigen Witterungsverhältnisse in kurzer Zeit besser ausgenützt werden können. Dies gilt besonders für den Blütenbesuch durch *rasch und sicher fliegende Insekten* (Blumenfliegen, Hautflügler und Schwärmer), sowie durch *Vögel* (Kolibris und Honigvögel). Das hindert aber nicht, daß in manchen Fällen auch flugunfähige, aber sehr bewegliche Tiere, wie die kleinsten Beuteltiere Australiens, beim Nektarbezug aus Blüten von Proteazeen oder Myrtazeen Selbstbestäubung oder Nachbarbestäubung durchführen können.

Wenn sich die Tiere nach ihrer Annäherung schließlich an der Blüte oder in ihr betätigen, dann spielen verschiedene Einzelheiten eine wesentliche Rolle für den Bestäubungserfolg. Raumverhältnisse, Festigkeit und Tragfähigkeit, Sitzflächen und Vorsprünge zum Anklammern, Gangbarkeit und Ungangbarkeit von Blütenteilen, sowie besondere mechanische Einrichtungen sind, wie wir später noch wiederholt erfahren werden, oft von besonderer Bedeutung.

Blütenbesuch und Brutpflege. Eine wesentliche Vermehrung der Blütenbesuche wird bei bestimmten Tiergattungen dadurch bewirkt, daß diese den Nektar und den Pollen nicht nur für ihren eigenen Bedarf, sondern auch noch für die *Aufzucht ihrer Jungen* verwenden. Das ist schon bei manchen einzeln lebenden (solitären) Bienen der Fall, steigert sich aber noch beträchtlich bei den staatenbildenden (sozialen) Arten. Dies trifft ganz besonders bei jenen Gattungen zu, die, wie die Honigbiene, in großen Familien mit weitgehender Arbeitsteilung leben. Die Tatsache, daß z. B. die Kolibri-Weibchen ihre Jungen auch mit Nektar ernähren, den sie in einer Art von Kropf von den Blüten zum Nest tragen und dort ihren Jungen in die geöffneten Schnäbel hineinfließen lassen, bewirkt ebenfalls eine Vermehrung der Blütenbesuche dieser Tiere.

d) Die Wirkung der Blüten auf ihre Besucher

Die chemischen Auswirkungen der Blüten und der Geruchs- und Geschmacksinn der Besucher. Stoffe, die von der Blüte erzeugt und als Dampf oder Gas an die umgebende Luft abgegeben werden, sind oft imstande, bestimmte Insekten schon aus der Ferne zu den Blüten heranzulocken, wenn sie von den Sinnesorganen auf den Fühlern dieser Tiere wahrgenommen werden. Wir pflegen diese gasförmigen Stoffe als *Duftstoffe* und ihre Auswirkung als den *Duft* der betreffenden Blüte zu bezeichnen. Infolge der Art, wie solche Duftstoffe sich in der stets irgendwie bewegten Luft verbreiten, ist eine geradlinige Annäherung des Tieres an eine Duftquelle meistens nicht möglich. Nur bei starkem Wind, der dem Flug der Insekten aber meistens abträglich ist, können Duftstoffteilchen annähernd geradlinig über größere Strecken verbreitet werden. Ein blühender Lindenbaum z. B. kann mit Hilfe des Windes durch seinen Duft eine beträchtliche Fernwirkung erzielen. Dagegen werden kleinere Pflanzen bei den normalen Ausgleichsströmungen der Luft mit dem Duft ihrer Blüten und Blütenstände nur in ihrer näheren Umgebung anlockend wirken. Der Anflug auf Grund von Duftwahrnehmungen ist demnach gewöhnlich krummlinig, unregelmäßig und unsicher. Und dennoch reicht diese Art der *chemischen Fernwirkung* für das Zustandekommen der Bestäubung bestimmter Blüten aus. Die größte Bedeutung hat aber der Duft wenige Millimeter vor den Blütenteilen, die ihn hervorbringen. Er löst hier Bewegungen der Flügel, der Beine und auch der Mundwerkzeuge aus, die für ein Verweilen der Besucher in der Blüte, für die Futterentnahme und eine erfolgreiche Bestäubung notwendig sind. Wir sprechen dann von der *chemischen Nahwirkung.* Es ist anzunehmen, daß in dieser Hinsicht bestimmte Blütenteile auch dann noch eine ausgesprochene Duftwirkung auf die Insekten haben können, wenn wir mit unserer Nase an der Blüte nichts Besonderes bemerken. Für solche sich in der Blüte aufhaltende Tiere ist eine Duftwahrnehmung noch leicht möglich, da sie mit ihren *Fühlern (Riechtastern)* die Blütenteile auch nach kleinen Mengen duftender Stoffe abtasten können, während unsere Nase infolge der großen Entfernung der Riechschleimhaut von den duftenden Teilen nur den ganzen Komplex des Duftes der vor uns befindlichen Blüte in sich aufnehmen kann. Blüten, die für den Menschen einen deutlichen Duft besitzen, sind auch meistens für bestimmte Insekten chemisch wirksam. Doch ist es verfehlt, wenn man annehmen wollte, daß Düfte, die für uns Menschen angenehm oder unangenehm sind, es auch für die blütensuchenden Tiere sein müssen. Schließlich sei noch darauf hingewiesen, daß die meisten *Vögel* einen so schlecht entwickelten Geruchssinn besitzen, daß eine chemische Fernanlockung für sie als Orientierung beim Nahrungsuchen und damit auch für den Blütenbesuch nicht wesentlich in Betracht kommt. Dementsprechend sind auch die ausgesprochenen Vogelblumen meistens duftlos.

Immer wieder findet man in den blütenbiologischen Büchern den Hinweis, daß die Besucher einer Blütenart durch den von ihr ausgehenden „*Honigduft*" angelockt werden. Dieser alte Irrtum hat sich bis in die heutige Zeit erhalten, obgleich wir mit Sicherheit wissen, daß die von den Blüten ausgeschiedenen Zuckerarten des Nektars geradeso wie das Wasser, in dem diese gelöst sind, für die Blüteninsekten vollständig duftlos sind. Der fertige *Bienenhonig* duftet allerdings oft verhältnismäßig stark, da der Nektar schon in der Blüte den Duft seiner Umgebung, also den Duft von Blütenteilen in sich aufnehmen kann und er überdies beim Verweilen in der Bienenwabe auch noch etwas vom Duft der Honigvorräte des Bienenstocks und besonders des Bienenwachses erhält.

Zu den chemischen Nahwirkungen der Blüten gehören auch jene, die dadurch zustandekommen, daß *wasserlösliche Substanzen,* die von den Blüten in gelöstem Zustande ausgeschieden werden, *als Lösung* auf bestimmte Sinnesorgane der blütenbesuchenden

Tiere einwirken. Solche Wirkungen nennen wir *Geschmackswirkungen*. Wir erkennen auch sie vor allem an Bewegungen von Körperteilen, besonders an solchen der *Mundwerkzeuge*. Die Wahrnehmung dieser chemischen Reize erfolgt bei den Insekten mit Hilfe ihrer aktiv beweglichen *Fühler (Taster)*, die sowohl flüssige als auch gasförmige Stoffe wahrnehmen können, ferner mit dem *Saugrüssel* oder an der *Oberfläche der Mundregion*, ja sogar auch an anderen Körperstellen, wie z. B. an den *Enden der Beine (Tarsen)*. Bei den blütenbesuchenden Vögeln und Säugetieren wird die Geschmackswahrnehmung durch Sinneseinrichtungen der Schleimhaut der Mundhöhle und der Zunge vermittelt. Eine entscheidende Rolle im Geschmacksempfinden der Blütenbesucher spielen bestimmte *Zuckerarten des Nektars*, deren Wirkung auf unseren Geschmacksinn wir als *süß* bezeichnen. Doch ist die Wirkung süßer Substanzen beim Menschen und verschiedenen Tieren nicht ganz gleich.

Die optischen Auswirkungen der Blüten und der Gesichtssinn der Besucher. Die optische Fernwirkung der vom Grün des Laubes sich abhebenden Blüten und vielfach auch anderer Pflanzenteile, die unmittelbar neben den Blüten stehen, bildet ein wichtiges Mittel zur Orientierung blütenbesuchender Tiere. Eine solche optische Orientierung setzt natürlich voraus, daß sie dazu geeignete und entsprechend leistungsfähige Sinnesorgane, nämlich *Augen*, besitzen. Blütenbesuchende Vögel und Säugetiere haben als Wirbeltiere Augen, die im Bau unseren eigenen weitgehend entsprechen. Wir dürfen deshalb hinsichtlich der *Bildwahrnehmung* bei diesen Tieren eine große Ähnlichkeit mit der unsrigen erwarten. Aber schon hinsichtlich der *Farbenwahrnehmung* müssen wir bei den Analogieschlüssen vom Menschen auf diese Wirbeltiere sehr vorsichtig sein, da nicht einmal alle Menschen, z. B. die Rotgrünblinden, die verschiedenen Farben in der gleichen Weise empfinden, wie der vollkommen farbentüchtige Mensch. Noch viel vorsichtiger müssen wir bei den Schlüssen sein, die wir von unserem optischen Verhalten auf das der blütenbesuchenden Insekten ziehen. Es hat sich nämlich herausgestellt, daß z.B. die Honigbienen keine Empfindung für *das reine (spektrale) Rot* besitzen, daß aber diese Tiere dafür das für uns unsichtbare Ultraviolett wahrnehmen und von anderen Farben gut unterscheiden können. Die Honigbienen sind also rotblind, sie sind aber nicht grünblind, wenngleich sie bei ihren Blumenflügen das ihnen so überaus reichlich entgegentretende *Grün* der Laubblätter und Stengel nicht anfliegen. Das Gleiche gilt auch für bestimmte Schmetterlinge, z. B. den Taubenschwanz (Macroglossum stellatarum), dessen Farbensehen sehr gut bekannt ist. Das Blattgrün erscheint diesen nämlich als ein schwaches, wahrscheinlich „trübes“ Gelb, das von ihnen nur dann beachtet wird, wenn sie gerade den Drang in sich fühlen, ihre Eier an die als Nahrung für die jungen Raupen geeignete grüne Futterpflanze abzugeben.

Der Hinweis auf die Rotblindheit der Honigbiene und anderer Blüteninsekten darf aber nicht mißverstanden werden, denn diese Tiere besuchen gerade solche Blumen sehr häufig, die gewöhnlich als „rot“ bezeichnet werden. Es sind dies jene Blüten und Blütenstände, deren Farbe als *Purpurrot* einen mehr oder weniger starken *bläulichen Ton* besitzt. So verhalten sich z. B. die besonders von Hummeln und Schmetterlingen besuchten Blüten des Roten Wiesenklees (Trifolium pratense), die bei Bienen und Hummeln beliebten Blüten der Purpurnen und der Gefleckten Taubnessel (Lamium purpureum und maculatum), sowie die von Tagfaltern bevorzugten Blüten der Karthäusernelke (Dianthus carthusianorum). Bei purpurnen Blumen und auch bei den *violetten* nehmen die Insekten vor allem den Blauanteil des zurückgestrahlten Lichtgemisches wahr, während der Anteil an rein roten Strahlen auf den Gesamteindruck verdunkelnd wirkt.

Bei uns in Europa gibt es nur sehr wenige Blütenarten, deren Blütenblätter ein so *reines Rot* zeigen, daß es für unser Sehen annähernd dem spektralen Rot entspricht. Hier sind vor allem manche Blüten des *Roten Mohns* (Papaver rhoeas und P. dubium) zu nennen, dessen Kronblattfarbe allerdings in den verschiedensten Abstufungen zwischen leuchtendem Orange (Feuergelb) und einem verhältnismäßig dunklen satten Rot zu schwanken pflegt. Je nach der Beschaffenheit des Rot wirkt auf das Insekt der den Lichteindruck verdunkelnde Rotanteil des Lichtes, oder mehr die Gelbkomponente. Überdies wurde nachgewiesen, daß für die Honigbiene rein rote Mohnblüten vor allem durch das von den Blumenblättern zurückgeworfene *ultraviolette Licht* besonders sichtbar werden. Im Gegensatz dazu erscheinen ihr die zahlreichen weißen Blüten, die aus dem Sonnenlicht das Ultraviolett absorbieren, durch den reflektierten Rest des ursprünglichen Licht-gemisches als „blaugrüne" Blüten. Dies zeigt uns, daß bei der Honigbiene und wohl auch bei den anderen farbentüchtigen In-sekten wie beim Menschen bestimmte Farben zueinander im Ver-hältnis von *Komplementärfarben* stehen. Solche Insekten nehmen von einem Sonnenspektrum nur *vier Wellenlängen-Gruppen als* „*Farben*" und damit als voneinander verschieden wahr: Gelb, Blaugrün, Blau und Ultraviolett, wobei Gelb zu Blau komplemen-tär ist und Blaugrün zu Ultraviolett.

Ob es wirklich zutrifft, daß die Tagfalter (Rhopalocera) und bestimmte Faltenwespen (Vespidae), wie angegeben wird, zum Unterschied von anderen Blüteninsekten das reine Rot als Farbe sehen, bedarf noch der Prüfung durch neuerliche Versuche. Im Gegensatz zu den Insektenblumen finden wir aber bei ausgespro-chenen Vogelblumen reines Rot verhältnismäßig häufig. Man hat deshalb das reine und das etwas gelbliche Rot als „*Vogelblumenrot*" bezeichnet. Besonders bekannt ist dieses Rot von der in unseren Parkanlagen sehr häufig und oft in großen Mengen angepflanzten brasilianischen Salbeiart Salvia splendens, die in ihrer Heimat von Kolibris besucht und bestäubt wird. Die den Menschen und den Kolibris gemeinsame Vorliebe für grelles Rot weist darauf hin, daß zwischen den Blumenvögeln und den farbentüchtigen Men-schen eine weitgehende Ähnlichkeit hinsichtlich der Farben-empfindlichkeit besteht.

Die blütenbesuchenden Insekten nehmen die Gegenstände und die Farben ihrer Umgebung mit den beiden großen *Augen* wahr, die rechts und links am Kopf angebracht sind. Sie bestehen aus zahlreichen dicht aneinandergereihten stabförmigen Einzelaugen, von denen ein jedes nach außen hin mit einer kleinen flachen Chitinlinse von sechseckigem Umriß (Facette) abgeschlossen ist. Durch diese treten die Lichtstrahlen ins Innere des Auges ein und es entsteht dann an der verschmälerten Basis der einzelnen Augen-stäbchen ein Lichtpunkt. Das Bild eines Gegenstandes wird in einem derartig *zusammengesetzten Facettenauge* durch eine ent-sprechende Anzahl solcher Lichtpunkte gebildet. Man spricht deshalb von einem musivischen Sehen (Mosaiksehen) solcher In-sektenaugen. Es gibt die Umrisse der Gegenstände aufrecht aber gröber wieder als ein Wirbeltierauge, und dennoch ausreichend genau für die Betätigung der Insekten besonders bei ihrer Orientierung im Flug. Zwischen und über den beiden Facettenaugen stehen auf der Stirn mancher blütenbesuchender Insekten einige wenige einfache, mit einer einzigen stark gekrümmten Linse versehene „*Punktaugen*" (Abb. 29, S. 67). Über die Leistung dieser kleinen Augen sind wir aber noch nicht so weit unterrichtet, daß wir darüber ein abschließendes Urteil abgeben können.

Die Schaueinrichtungen der Blüten. Bei den zahlreichen Beobachtungen und Versuchen an blütenbesuchenden Tieren hat sich die große optische Bedeutung der vom Grün der Umgebung abweichenden Blütenfarben für den Anflug und den Besuch dieser Tiere ergeben. Man hat die vom Grün verschiedenen Teile der Blüten und ihrer unmittelbaren Umgebung als die *Schaueinrichtungen* der Blüte (Schauapparate) bezeichnet. Sie sind ein unentbehrlicher Behelf für die Anlockung der blütenbesuchenden Tiere aus größeren Entfernungen.

Blüten und Blütenstände, die auffallende Schaueinrichtungen besitzen und oft auch einen besonderen Duft, pflegt man schon seit langem als *Blumen* zu bezeichnen. Dieser volkstümliche Ausdruck, den auch die Gärtner und Blumenhändler verwenden, ist in den wissenschaftlichen Sprachschatz übernommen worden. Während man jetzt unter „Blüte" ein morphologisches Gebilde bestimmter Prägung versteht, wie dies bereits eingangs erläutert worden ist, bezeichnen wir als „Blume" (im wissenschaftlichen Sinn) eine einzeln stehende, in ihrer Färbung vom Grün der Laubblätter abweichende Blüte, und ebenso einen als optische Einheit wirkenden dichten Blütenstand, z. B. die Blüte einer Nelke und auch ein Blütenköpfchen einer Sonnenblume. Zur Blume rechnen wir dann überdies alle benachbarten Teile einer Blüte oder eines Blütenstandes, die als Schaueinrichtung den optischen Gesamteindruck der Blüte als solchen verstärken. Entsprechend dieser Festlegung der Begriffe „Blüte" und „Blume" besitzt ein Eichbaum oder eine Getreidepflanze wohl zahlreiche Blüten, aber keine Blumen, da bei ihnen die unscheinbaren und duftlosen grünen Blüten sich optisch nicht irgendwie vom grünen Laub abheben und dementsprechend auch keinen Insektenbesuch erhalten.

e) Blüte, Umwelt und Besucher: Yucca und Yucca-Motte

So wie es bei den Blütenpflanzen einen bestimmten von inneren und äußeren Faktoren abhängigen Jahresrhythmus in bezug auf ihr Blühen und Fruchten gibt, so zeigen auch die blütenbesuchenden Tiere einen vielfach von Erbanlagen und Klima abhängigen Jahresrhythmus ihres Verhaltens innerhalb der von ihnen bewohnten Lebensräume.

Solche *Lebensrhythmen von Pflanze und Tier* müssen aber gut zueinander passen, wenn das Tier zu einem wirksamen Bestäuber der betreffenden Pflanzenart werden soll. Das engste *Zusammenpassen* ist natürlich von solchen Blütenbesuchern und den von ihnen besuchten Blütenpflanzen zu erwarten, die heute in den für sie lebenswichtigen Belangen vollständig aufeinander angewiesen sind. Betrachten wir z. B. in dieser Hinsicht die in den trockenen Gebieten des südlichen Nordamerika lebende allbekannte *Yucca-Pflanze* (Yucca filamentosa u. a. Arten von „Palmlilien“, Abb. 28), die auch zu einem beliebten Schmuck unserer europäischen Gärten geworden ist! Im natürlichen Lebensbereich dieser Pflanzengattung lebt ein kleiner Nachtfalter von etwa 13 mm Körperlänge, die *Yucca-Motte* (Pronuba yuccasella, Abb. 28 rechts unten), mit einigen anderen Arten ihrer Gattung. Tagsüber hält sich dieses Tier verborgen. Beim Eintritt der Dunkelheit kommt es aber zum Vorschein und es finden die Begattungsflüge statt. Das begattete *Weibchen* beginnt nun zunächst in den durch ihre weiße Färbung deutlich sichtbaren, etwas duftenden Yucca-Blüten *Pollen* zu sammeln. Es läßt sich dazu auf einem der sechs Staubblätter der hängenden Blüten nieder und mit Hilfe der in seiner Mundregion vorhandenen rasch bewegten *Kiefertaster* schabt es aus den bereits offenen kleinen Staubbeuteln den Pollen zwischen zwei *lange krümmungsfähige Fortsätze* (Greiftentakel), die am Grunde dieser Kiefertaster entspringen. Hier wird der klebrige Blütenstaub zu einem großen Ballen von oft mehreren Millimetern Durchmesser geformt, unter dem Kopf zwischen dem Ansatz der Vorderbeine und dem Kinn eingeklemmt und mit den Tentakeln seitlich festgehalten. Das Weibchen verläßt nun mit diesem schweren *Pollenballen* die Blüte und trägt ihn fliegend in eine andere derselben Art. Auf den dicken Staubfäden sitzend stößt es dann zwischen diesen seine Legescheide durch die weiche Wand des Fruchtknotens in dessen Höhlung hinein und legt an den Samenanlagen ein Ei ab. Sodann wandert das Tier entlang dem Stempel bis zur Narbe, stopft etwas von dem mitgebrachten Pollen in eine der drei Narbenfurchen oder in den dort offenen Griffelkanal, legt wieder

Abb. 28. *Fadentragende Palmlilie (Yucca)*. Links: blühende Pflanzen im Botanischen Garten der Universität Innsbruck (Photo A. WAGNER, ann. $^1/_{15}$ d. nat. Gr.). Rechts oben: weit offene Blüte, am Abend (Orig., $^2/_3$). Rechts unten: Yucca-Motte, Pollen sammelnd (ann. 3mal, nach RILEY). *Stf* Staubfaden, *Stb* Staubbeutel der Palmlilie, *Gt* Greiftentakel der Motte

ein Ei in den Fruchtknoten und so fort, bis sich eine Anzahl von Eiern im Innern des Fruchtknotens befindet und alle drei Narbenfurchen mit Pollen versehen sind. Bald darauf wachsen die Pollenschläuche von der Narbe her durch den Griffelkanal in die Fruchtknotenhöhlung hinein und befruchten die dort vorhandenen zahlreichen Samenanlagen, während zugleich die nach etwa einer

Woche ausgeschlüpften Räupchen der Motte die heranwachsenden Samenanlagen aufzuzehren beginnen. Nach einem Monat ist die Raupe ausgewachsen, verläßt den Fruchtknoten und verpuppt sich in der Nähe der Yucca-Pflanze im Erdboden, wo die Puppe dann überwintert. Im nächsten Jahr, wenn die Yucca-Pflanzen wieder zu blühen beginnen, kommt die fertige Motte gerade zur rechten Zeit aus der Puppe hervor und beginnt ihre Flüge. Da die Raupen bis zum Verlassen des Fruchtknotens nur einen Teil seiner zahlreichen Samenanlagen verzehren, können von den ursprünglich vorhandenen sich noch sehr viele zu reifen Samen entwickeln, was ohne die Bestäubungstätigkeit der Motte nicht möglich gewesen wäre, da keine Selbstbestäubung zustande kommt. Man sieht aus diesem Beispiel einer *Symbiose zwischen Motte und Blüte*, daß das Ausschlüpfen der Motte aus der Puppe und die Entfaltung und Funktion der Blüte zeitlich genau aufeinander abgestimmt sein müssen, wenn der Weiterbestand beider gesichert sein soll. Dieser Fall ist auch noch deshalb besonders bemerkenswert, weil die Motte mit ihren rückgebildeten Ernährungsorganen keine Nahrung zu sich nehmen kann, also auch keinen Nektar und keinen Pollen, obgleich ihr beides in den Yucca-Blüten zur Verfügung steht. Der Nektar ist also in dieser Blüte wohl vorhanden, aber für die Bestäubung wertlos, und der Pollen dient dem fertigen Insekt nur zur Sicherung der Nahrung für die heranwachsenden jungen Raupen, was aber für diese Mottenart von entscheidender Bedeutung ist.

V. Bestimmte Tiergruppen
als Beherrscher der Bestäubung

In *Europa* betätigen sich nur Insekten als Bestäuber. In den Tropenländern *Asiens* und *Afrikas* sind jedoch neben dieser Tierklasse auch Vögel und bestimmte Fledermäuse an der Übertragung des Pollens wesentlich beteiligt. Dasselbe gilt für *Mittelamerika*, während in *Nordamerika* außer den die Bestäubung beherrschenden Insekten nur einige wenige Arten von Blumenvögeln in dieser Weise wirksam sind. In *Südamerika* treten dagegen die Insekten als Besucher der Blüten stark zurück und die Hauptrolle spielen dort in dieser Hinsicht die Blumenvögel, zugleich mit einigen

Gattungen von Fledermäusen. In *Australien* sind Insekten, Vögel, Fledermäuse und einige wenige Gattungen kleiner Beuteltiere die Überbringer des Blütenstaubes.

Da es sich bei dem Blütenbesuch in letzter Linie fast immer um die *Entnahme von Futter* durch bestimmte Tiere aus bestimmten Blüten handelt, ist die Gestaltung und Leistung der *Mundwerkzeuge* der Blütenbesucher für ihre Tätigkeit in den Blüten von ganz besonderer Bedeutung. Bei den Insekten, die in Mitteleuropa den Blütenbesuch beherrschen, können wir feststellen, daß die am wenigsten spezialisierten Blüteninsekten beißende Mundwerkzeuge besitzen, von denen die beiden *Oberkieferzangen* (Mandibeln, Abb. 29, *OK*) zum Zerkleinern oder Zerschneiden der Nahrung dienen, während die übrigen der Mundöffnung benachbarten Teile der Kopfunterseite neben anderen Leistungen oft durch einen *Haarbesatz* das Auftunken oder Auflecken von Nektar ermöglichen. Diese Ausbildung und Tätigkeit der Teile der Mundregion finden wir bei den meisten blütenbesuchenden Käfern (Abb. 30 u. 31).

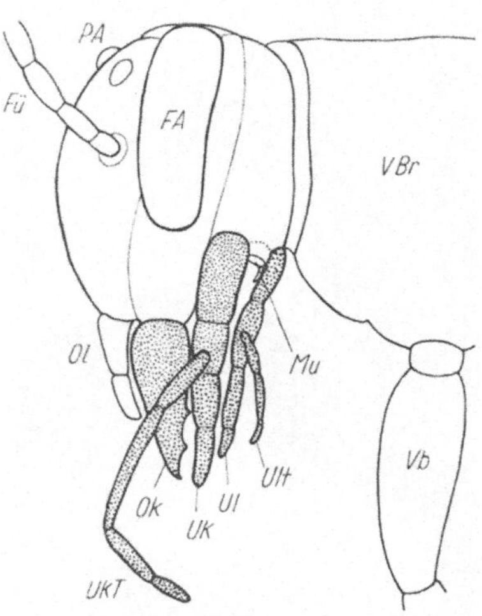

Abb. 29. Kopf eines urtümlichen *Insekts* mit *beißenden*, nicht spezialisierten *Mundteilen* (Schema). Die in verschiedenem Ausmaß durch Verlängerung und Veränderung zu den *saugenden* Mundwerkzeugen (Rüsseln) der Blütenbesucher umgewandelten Teile sind durch Punktierung hervorgehoben. *Fü* Fühler (Antenne), *FA* Facettenauge, *PA* Punktaugen, *Ol* Oberlippe, *Ok* Oberkiefer, *Uk* Unterkiefer, *UkT* Unterkiefertaster, *Ul* Unterlippe, *Ult* Unterlippentaster, *Mu* Mund; *VBr* Vorderbrust, *Vb* Vorderbein

Alle in der Abb. 29 durch Punktierung hervorgehobenen Teile der Kopfunterseite der Insekten können an der Übernahme und der ersten Verarbeitung des Futters irgendwie beteiligt sein. Je mehr sich in der Geschichte der Blüte die Ausscheidung und die besondere Darbietung von Nektar steigerte und spezialisierte, desto auffallender wurden die Mundwerkzeuge der Blüteninsekten

5*

67

in der Richtung zu saugenden Organen umgestaltet, während die Tätigkeit der Beißzangen in ihrer ursprünglichen Bedeutung immer mehr zurücktrat. Die in der Abbildung 29 punktierten Mundteile haben sich bei verschiedenen Insektenordnungen in sehr verschiedener Weise durch Verlängerung und Abflachung sowie durch gegenseitige Vereinigung oder Verwachsung zu *Saugröhren* weiter entwickelt. So sind z. B. bei den *Hautflüglern* die Oberkiefer als Beißzangen noch erhalten geblieben, alle übrigen in der Zeichnung punktierten Teile aber durch entsprechende Umgestaltung zu einem mehr oder weniger leistungsfähigen Saugrüssel geworden. Dagegen sind bei den meisten *Schmetterlingen* die Oberkiefer verkümmert und die beiden Unterkieferladen (Teile der Unterkiefer [Maxillen], Abb. 29, *Uk*) stark verlängert und zu einem überaus wirksamen Saugorgan vereinigt. Schließlich sei noch erwähnt, daß bei den *Zweiflüglern* alle in der Abbildung punktierten Teile sich gemeinsam mit den Oberkiefern an dem Aufbau des Saugrüssels beteiligen. Mit den Einzelheiten dieses verschiedenen Verhaltens der Mundwerkzeuge der Blütenprodukte verzehrenden

Abb. 30. *Blumenbock (Pachyta quadrimaculata)* in Gesellschaft verschiedener *Fliegen* auf einem Blütenstand der *Wald-Engelwurz* (Nat. Gr., Photo Fr. Schremmer)

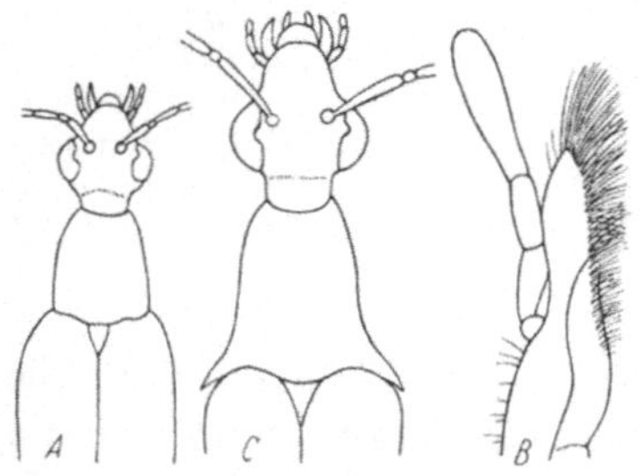

Abb. 31. Kopf, Bruststück und Mundteile v. *Blumenböcken: A* u. *B Leptura livida, C Strangalia attenuata; B* behaarte Unterkiefer-Lade (*A* u. *C* ann. 5mal, *B* 40mal, schemat. Darstellung von H. Müller)

Insektenordnungen werden wir uns später noch zu beschäftigen haben. Umgestaltungen in der Richtung von beißenden zu saugenden Mundwerkzeugen werden wir auch bei den blütenbesuchenden *Wirbeltieren* kennen lernen.

a) Die Insekten als Blütenbesucher

1. Die Käfer (Coleoptera)

Die Eignung der Käfer für den Blütenbesuch. Wir wollen die Besprechung der blütenbesuchenden Insekten und der von ihnen besuchten Blumen mit der Insektenordnung der Käfer beginnen. Sie ist mit gegen 300000 beschriebenen Arten die artenreichste der Insekten und ihre Anfänge gehen mindestens in die Permzeit zurück, so daß die blütenbesuchenden Käfer, wahrscheinlich von ursprünglich räuberischen Fleischfressern abstammend, wohl zu den ältesten Blütengästen gehören dürften. Dennoch sind die *Wechselbeziehungen zwischen den Käfern und den Blumen* auch heute noch *sehr wenig ausgeprägt*, was darin zum Ausdruck kommt, daß es in Mitteleuropa keine Blütenformen gibt, die infolge besonderer Bestäubungseinrichtungen ausschließlich auf den Besuch von Käfern angewiesen sind, wenngleich bestimmte Käferarten in fertigem Zustand ihre Nahrung nur aus Blüten beziehen. Mit ihren wohlausgebildeten Oberkiefern übernehmen und zerkleinern sie den Pollen. Den Nektar lecken sie mit Hilfe der *behaarten Teile der Mundregion* (der Unterkieferladen und der Unterlippe, Abb. 31 *B*) auf. Doch vermögen die allermeisten von ihnen mit diesen bescheidenen Hilfsmitteln nur den oberflächlich dargebotenen und frei liegenden Nektar zu übernehmen, da ihr meist gedrungener Körperbau bei mittleren und größeren Formen ein Vordringen in engere Blütenröhren nicht gestattet. Nur ganz kleine Käfer, wie die *Honigkäfer* (Meligethes), deren Körper etwa 1,5—4 mm lang und 1—2,5 mm breit ist, können sich auch in schmale Nektarbehälter hineinbegeben. Doch ist ihr Bestäubungswert infolge der Kleinheit und Bauart ihres Körpers sehr gering. Eine Form des Kopfes und des Vorderkörpers, die zum Eindringen in solche Behälter mit mäßig tief geborgenem Nektar geeignet ist, besitzen nur die nicht sehr zahlreichen Arten der Blütenstaub und Nektar verzehrenden *Blumenböcke* (Lepturidae,

Abb. 30 u. 31). Man findet sie aber trotzdem gewöhnlich nur auf Blüten und Blütenständen mit völlig freiliegendem Nektar und Pollen. Diese Käfergruppe zeigt ihre Befähigung zur Ausbeutung verhältnismäßig enger Blütenhohlräume durch eine auffallende Verschmälerung und Verlängerung des ganzen Kopfes vor und hinter den Facettenaugen sowie durch eine Art von Hals, der es ihnen ermöglicht, den Mund in der Richtung ihrer Körperachse vorzustrecken. Das Bruststück ist vielfach in seiner Vorderhälfte weniger breit als der Kopf, besonders beim *Schmalbock* (Strangalia attenuata, Abb. 31 *C*), der mit seinen lang pinselförmig behaarten Unterkieferladen z. B. auch noch aus dem Grunde der 4—6 mm langen Kronröhren der *Witwenblume* (Knautia arvensis) den Nektar aufnehmen kann.

Während, wie bereits erwähnt, die meisten Käfer nur oberflächlich gelegenen und auch anderen Insekten frei zugänglichen Nektar ausbeuten können, hat die Natur als Ausnahme zwei *Käfergattungen* hervorgebracht, die *mit langen, schmalen Saugeinrichtungen* ausgestattet sind und mit diesen sich auch aus engen Blütenräumen tief geborgenen Nektar aneignen können. Besonders bemerkenswert sind in dieser Hinsicht einige im tropischen und subtropischen Amerika vorkommende blütenbesuchende Arten der Gattung *Nemognatha*, die der Familie der Weichkäfer (Meloidae) angehört (Abb. 32). Hier sind

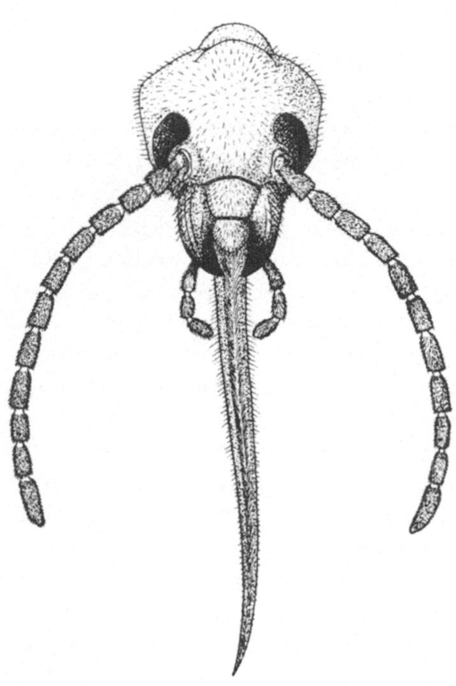

Abb. 32. Ein *Käfer* mit 7 mm langem *Saugrüssel* (*Nemognatha lurida*, Vorderansicht des Kopfes, 8mal)

die *Laden der Unterkiefer* (Maxillen, Abb. 29 *UK*, S. 67) so sehr entwickelt, daß sie bei manchen Arten den Körper des Tieres an Länge etwas übertreffen. Die Kieferladen sind annähernd gerade und schließen mit ihren *von Haaren dicht besetzten Innenrändern* seitlich aneinander. Dadurch wird eine Art von Rüssel gebildet, der mit Hilfe der *Kapillarität* seines Haarbesatzes Nektar auch aus Blütenräumen mit engen Zugängen entnehmen und zur Mundöffnung befördern kann. Diese Einrichtung gleicht äußerlich einem Schmetterlingsrüssel, dem sie auch morphologisch entspricht, sie kann aber nicht eingerollt werden. Auch ist die Art des Saugvorganges bei beiden Rüsselformen verschieden.

Die Blumenböcke und andere kleinere Käfer bewirken keine auffallenden Beschädigungen der besuchten Blüten. Dagegen sind größere Käfer oft wahre *Blütenverwüster*, wenngleich sie dabei auch einiges für die Bestäubung der Blüten leisten können. Das gilt besonders für *manche Blatthornkäfer* (Cetonia, Rosenkäfer und verwandte Gattungen). Diese fressen z. B. in den von ihnen besuchten Blüten der wilden Rosen oft die Antheren samt den darin befindlichen Pollenkörnern auf und verzehren auch verschiedene andere saftige Teile der Blüten.

Abb. 33. *Echte Kastanie:* links ein voll erblühter männlicher Blütenstand, rechts Teil eines Blütenstandes, der unten eine weibliche Blütengruppe mit ausgestreckten Narben zeigt. Ann. nat. Gr. (Photo A. Wagner, Bot. Inst. d. Univ. Innsbruck)

Die Käferblumen. Alle als Käferblumen bezeichneten Blüten und Blütenstände unserer Flora werden, wie bereits erwähnt, nicht ausschließlich, sondern nur vorwiegend von Käfern besucht. Das zeigen u. a. auch die Blütenstände der *Echten Kastanie* (Castanea sativa, Abb. 33), die durch den uns unangenehmen *Amin-Duft* ihrer männlichen Blüten eine reichhaltige Gesellschaft verschiedenster Insektengattungen anlockt. Genaue Untersuchungen der letzten Zeit haben ergeben, daß an einem einzigen Standorte in Kärnten in einem Sommer unter 103 Insektenarten 53 Arten von Käfern (aus 42 Gattungen) als Besucher festgestellt werden konnten. Der Kreis der übrigen Besucher setzte sich aus Schmetterlingen, Zweiflüglern, Faltenwespen und Bienen zusammen. In den dicht nebeneinander stehenden männlichen und weiblichen Blüten wird den Besuchern reichlich *Pollen* und *Nektar* zur Verfügung gestellt. Der Pollen ist zunächst klebrig, und so wird seine Übertragung durch die besuchenden Insekten ermöglicht. Gegen Ende der Blütezeit verliert der Pollen seine Klebrigkeit, so daß er nun vom Wind übernommen und befördert werden kann.

Die Echte Kastanie steht allem Anscheine nach am Beginn einer sekundären Windblütigkeit. Den entgegengesetzten Fall, wo am Ende einer primären Windblütigkeit die Insektenblütigkeit einsetzt, finden wir bei verschiedenen Gattungen der tropischen und subtropischen *Cycadales*. Wir sehen ihre Vertreter häufig als Schmuckpflanzen in unseren Gewächshäusern, deren Gärtner sie wegen ihrer äußeren Ähnlichkeit mit Farnen und Palmen gewöhnlich als „*Palmfarne*" zu bezeichnen pflegen. Diese Pflanzen sind zweihäusig. Ihre Blüten sind verhältnismäßig groß und erinnern an die mächtigen Zapfen mancher Nadelhölzer. Während die meisten Cycadales als letzte Reste einer alten Vergangenheit auch heute noch primär windblütig sind, befinden sich andere im Übergang zur Insektenbestäubung. Bei einer Art wurde auch bereits eine anscheinend reine Insektenblütigkeit nachgewiesen, nämlich bei dem im südlichen Afrika wachsenden Encephalartos villosus, der von kleinen Rüsselkäfern bestäubt wird.

Als Beispiel einer nächtlich blühenden Käferblume sei noch die im Amazonasgebiet vorkommende und als Warmhauspflanze sehr geschätzte *Victoria* „*regia*" (richtig: *amazonica*) besonders hervorgehoben. Ihre sehr stark nach tropischem Obst duftenden Blüten öffnen gegen Abend ihre weiße Blütenhülle und locken Käfer aus der Verwandtschaft (Familie) unseres Maikäfers an, die sich oft in großer Zahl von oben her in die Blüte hinein begeben. Nachts verschließt die Blüte ihren Eingang und die Käfer haben nun während ihrer Gefangenschaft Zeit und Gelegenheit, den mitgebrachten Victoria-Pollen an die empfangsbereiten Narbenflächen abzustreifen. Erst am nächsten Abend öffnet sich wieder der Blüteneingang, nachdem die Blumenblätter sich purpurn verfärbt und die Staubblätter ihren Pollen freigegeben haben. Mit diesem Pollen beladen verlassen die Käfer die jetzt nicht mehr duftende Blüte. Sie können sogleich wieder vom Duft einer eben entfalteten Blüte der Victoria angelockt werden und dort den Pollen übergeben. Während der Gefangenschaft haben die Käfer Teile der saftigen Innenwand des Blütenhohlraumes zerbissen und sich dadurch eine ihnen zusagende Nahrung verschafft. Wie die früher erwähnten Rosenkäfer sind auch die Victoria-Besucher, die derselben Käferfamilie angehören, zugleich Blütenverwüster und Blütenbestäuber.

2. Die Schmetterlinge (Lepidoptera)

Wenn wir die blütenbesuchenden Arten der Schmetterlinge vergleichend betrachten, dann sehen wir, daß es unter ihnen sehr verschiedene Formen mit ebenso verschiedenen Lebensgewohnheiten gibt. Auch können wir feststellen, daß sich am Blütenbesuch neben altertümlich gebauten und in ihrem ganzen Gehaben recht ursprünglichen Arten auch solche mit stark spezialisierter Betätigung und einem dementsprechenden Körperbau zu beteiligen pflegen.

Pollenfressende Schmetterlinge. Die am meisten altertümlichen Schmetterlinge, die wir heute kennen, sind die Arten der Gattung Micropteryx. Am häufigsten ist bei uns Micropteryx calthella (Abb. 34a, b). Man findet diese goldglänzenden Tiere an feuchten Plätzen oft in großer Zahl beisammen, vor allem auf Blüten der *Sumpfdotterblume* (Caltha palustris) und verschiedener *Hahnenfußarten* (Ranunculus lanuginosus u. a.). Sie sind dadurch bemerkenswert, daß sie zwar freiliegenden Nektar in sich aufzunehmen vermögen, aber *keinerlei Rüsseleinrichtungen* besitzen. Als einzige Schmetterlingsgruppe sind sie *mit scharf gezähnten Kiefern* (Mandibeln) ausgerüstet, was sie dazu befähigt, den *Pollen* zu zerbeißen, der die Hauptnahrung dieser Falter darstellt. An feuchten, sumpfigen Stellen steigen und springen sie auf den erwähnten Pflanzenarten herum und finden dabei durch den Duft die pollenreichen Blüten. In diesen halten sie sich bei Tag und bei Nacht

lange Zeit auf, gehen in ihnen herum und scharren dabei mit Hilfe
ihrer *Kiefertaster* den Pollen aus den geöffneten Staubblättern heraus

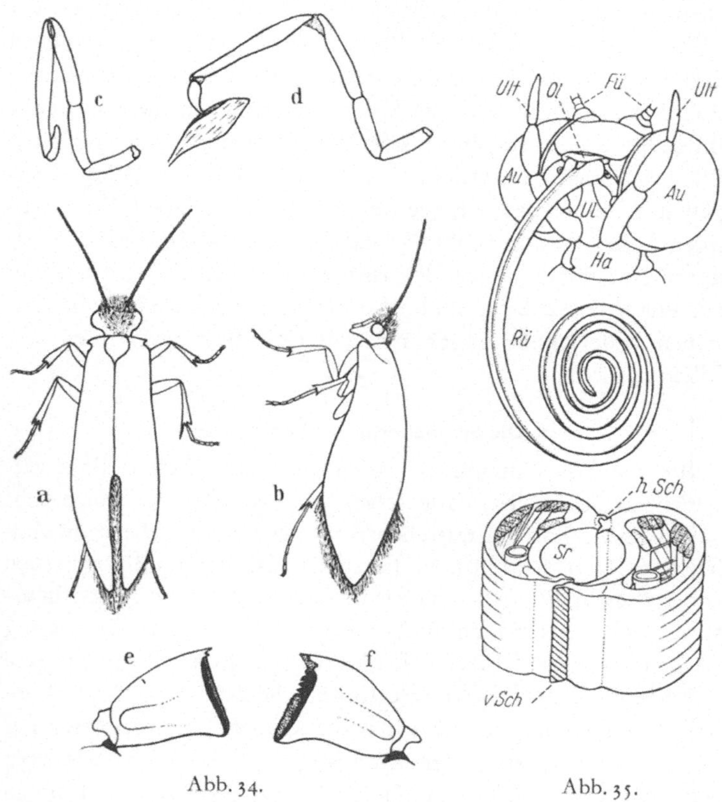

Abb. 34. *Micropteryx calthella.* a Falter von oben, b von der Seite; c Unterkiefertaster in Ruhestellung, d einen Staubbeutel des *Wolligen Hahnenfußes*
(Ranunculus lanuginosus) bearbeitend; e linke Oberkieferlade und f rechte, beide
von oben gesehen, mit unsymmetrischen Innenkanten (Schneiden), die zur
Verarbeitung des Pollens dienen (Nach PIRNGRUBER. a, b 7mal; c, d und e,
f stärker vergr.)

Abb. 35. Saugrüssel der *Schmetterlinge.* Oben: Kopf eines *Kohlweißlings* mit
etwas gelockerter Rüsselspirale *Rü.* (Unterseite, vereinfacht, Behaarung weggelassen, Vergr. ann. 10mal; *Au* Auge, *Fü* Fühler, *Ol* Oberlippe, *Ul* Unterlippe, *Ult* Unterlippentaster, *Ha* Hals.) Unten: Ausschnitt aus einem *Schwärmer*-
Rüssel (in der Mitte das Saugrohr *Sr*, rechts und links die mit Muskeln,
Nerven und Luftröhren versehenen Hohlräume der beiden Rüsselhälften;
hSch hintere Schließe, *vSch* vordere Schließe des Saugrohrs; Vergr. ann. 50mal,
etwas abgeändert nach H. WEBER)

74

und befördern ihn zum Mund. Hier wird er oft in größeren Vorratsballen angesammelt, bevor er zerkleinert und verzehrt wird. Anflüge an die Blüten finden nicht statt. Die Flügel dienen anscheinend nur zu Geschlechtsflügen und gemeinsam mit den Sprungbeinen zu Fluchtbewegungen. Der Bau und das Verhalten dieser Tiere gibt uns den klaren Hinweis darauf, daß *die ältesten blütenbesuchenden Schmetterlinge* sich *mit Pollen ernährten* und nebenbei auch Nektar aufgenommen haben, bevor sie eigene Saugorgane hatten.

Der Saugrüssel der Schmetterlinge. Abgesehen von diesen eben geschilderten Ausnahmen besitzen die blütenbesuchenden Schmetterlinge einen Saugrüssel, mit dessen Hilfe sie, ohne sich um den Pollen zu kümmern, den *Nektar* der Blüte entdecken und in sich aufnehmen (Abb. 35). Dabei kann mit dem Rüssel oder mit anderen Körperteilen der Pollen übertragen werden. Die *Tagfalter* (Rhopalocera), zu denen beispielsweise unser *Kohlweißling* (Pieris brassicae, Rüssellänge 16 mm) gehört, pflegen sich auf die von ihnen besuchten Blüten zu setzen, sich mit den Beinen an Blütenteilen festzuhalten und mit dem immer wieder bewegten Rüssel unter zeitweiligem Tasten der als Geruchsorgane dienenden Fühler den Nektar auszubeuten. Manche *Eulen* (Noctuidae) und *Schwärmer* (Sphingidae) saugen den Nektar aus den Blüten, während sie sich leicht an ihnen festhalten und mit den Flügeln schwirren. Die Eulen pflegen beim Saugen die vorgestreckten Fühler zeitweise an die Blüten herabzukrümmen. Als Beispiel diene die hier abgebildete *Gamma-Eule* (Plusia gamma, Rüssellänge 15—16 mm, Abb. 36), die man während der Abenddämmerung, aber auch bei Tag im Sonnenschein und in hellen Nächten an den Blüten des *Roten Wiesenklees* (Trifolium pratense) und an anderen blühenden Pflanzen häufig antrifft. Die höchstentwickelte Form der Blütenausbeutung finden wir bei bestimmten Schwärmern, deren tüchtigste Blütenbesucher im Fluge frei vor der Blüte schweben, während sie mit ihrem langen Rüssel ohne Benützung ihrer Beine und ohne die Fühler zu bewegen den Nektar aus den Blüten entnehmen. Dabei übertragen sie mit dem Rüssel den Blütenstaub. Als Beispiel sei der *Taubenschwanz* (Macroglossum stellatarum, Rüssellänge 25—28 mm, Abb. 37) genannt, der nur am hellen Tage und besonders im vollen Sonnenschein zu fliegen und die Blüten zu besuchen pflegt.

Beim Blütenbesuch der eben erwähnten Schmetterlingsgruppen
ist der *Saugrüssel* unter allen Organen, deren Betätigung die Bestäubung ermöglichen, das wichtigste und auffallendste. Er ist bei
den mittelgroßen Formen mindestens 1 cm lang und erreicht bei
den größten blütenbesuchenden Schwärmen der Tropen bis zu
25 cm Länge. Im Ruhezustand und auch beim Fliegen wird er

Abb. 36. *Gamma-Eule* an einer Blüte des *Roten Wiesenklees*. A Einführen des
Rüssels, B beim Nektarsaugen (1,5mal, Zeichnung Fr. SCHREMMER)

stets nach unten eingerollt, so daß er, von der Seite gesehen, eine
enggefügte Spirale bildet. Erst unmittelbar vor der Blüte oder auf
ihr wird der Rüssel durch bestimmte optische Reize oder durch
den Duft zum Ausstrecken veranlaßt. Dabei zeigt er annähernd in
der Mitte seiner Länge eine *sehr kennzeichnende Knickung,* die als eine
Art Gelenk das Einführen in die Blüte erleichtert (Abb. 36 u. 37).
Betrachtet man ihn an seiner Oberseite und auch an der Unterseite
mit einer Lupe, dann zeigt sich uns in der ganzen Länge des
ausgestreckten Rüssels eine in der Mittellinie verlaufende feine
Furche: sie ist der Ausdruck dafür, daß sich der Rüssel aus zwei
seitlich dicht aneinander gefügten rinnenförmigen Teilen (Abb. 35)

76

zusammensetzt. Diese umschließen in ihrer ganzen Länge einen zylindrischen Hohlraum, der die Weiterleitung des mit dem offenen Rüsselende aufgenommenen Zuckersaftes bis zur eigentlichen Mundöffnung besorgt. Die beiden Längshälften des Schmetterlingsrüssels entsprechen den beiden *Unterkieferladen* (siehe den Hinweis auf S. 68 und Abb. 29 *UK*, S. 67). Ihr Chitinpanzer ist in sehr zahlreiche, untereinander bewegliche Querstücke gegliedert, die durch ihre besondere Bauart das Einrollen des Rüssels für den

Abb. 37. *Taubenschwanz* beim Einführen des Rüssels in eine *Leinkrautblüte* (1,3mal)

Ruhezustand gestatten. Die langen schmalen Schmetterlingsrüssel sind imstande, sich *Nektar aus tief in der Blüte gelegenen Behältern* anzueignen, zu denen Tiere mit kürzeren Saugeinrichtungen nicht gelangen können, wenn der Blüteneingang oder der Zugang zum Nektarraum so eng ist, daß das Tier nicht als Ganzes oder mit seinem Kopf in die Nähe des Nektars vordringen kann.

Tagfalterblumen. Blumen, deren Nektar nur den Schmetterlingen zugänglich ist, hat man als *Falterblumen* bezeichnet, wobei man je nach der Flugzeit der Besucher und der Tageszeit des Aufblühens Tagfalterblumen und Nachtfalterblumen unterschieden hat. Blüten, deren Nektar nur von den besonders langrüsseligen Schwärmern ausgebeutet werden kann, nennt man *Schwärmerblumen*, wobei es sich vor allem um Abendschwärmerblumen handelt. Zu den Tagfalterblumen gehören z. B. die satt purpurroten

Blüten verschiedener wildwachsender *Steinnelken* (Dianthus-Arten, Abb. 38), unter ihnen die *Karthäusernelke*. Bei diesen durch ihren Duft bemerkenswerten, zuerst männlichen Zwitterblüten bildet die etwa 18 mm lange Kelchröhre das äußere Gerüst für die sehr schmalstieligen Kronblätter und die Staubfäden, und zugleich den Behälter für den an ihrem Grund sich ansammelnden Nektar. Der nur etwa 3 mm breite Innenraum dieser Kelchröhre ist so

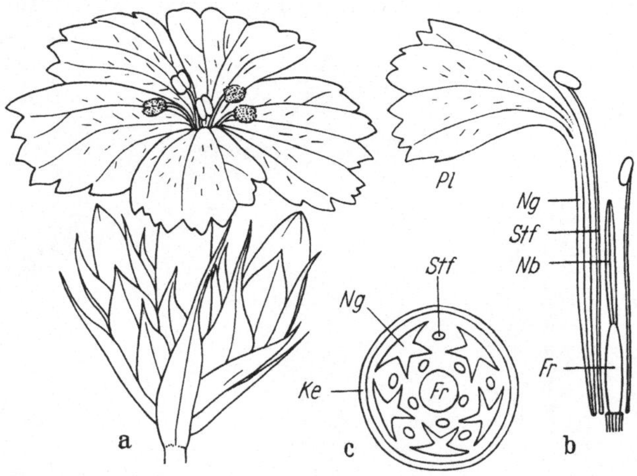

Abb. 38. *Karthäusernelke*. a Blütenstand mit Blüte am Anfang des männlichen Zustandes: 5 Staubbeutel hervorgestreckt, 5 noch in der Blütenröhre verborgen, ebenso wie die noch nicht voll entwickelte Narbe; b Teile einer solchen Blüte (fast 2mal). c schemat. Querschnitt durch eine Nelkenblüte im unteren Drittel der Kelchröhre (5,5mal). (*Fr* Fruchtknoten, *Nb* Narben, *Stf* Staubfäden, *Pl* Platte und *Ng* geflügelter Nagel des Kronblattes, *Ke* Kelchröhre.)

dicht erfüllt von den darin befindlichen Stielen der fünf Kronblätter, von den zehn Staubfäden und dem Stempel, daß nur sehr schmale längsverlaufende Zwischenräume für das Vordringen des Schmetterlingsrüssels übrig bleiben. Honigbienen und Hummeln sind in diesem Falle nicht im Stande, mit ihren zu kurzen Saugwerkzeugen durch die schmalen Zwischenräume bis zum tief gelegenen Nektar vorzudringen. Dagegen werden die Nelkenblüten besonders im vollen Sonnenschein immer wieder von verschiedenen Tagfaltern mit ausreichend langem Rüssel gründlich und für die Blüten erfolgreich besucht. Diese Falter setzen sich auf die breit ausladenden Blumenblätter der Nelke nieder, entrollen den

Rüssel und führen ihn — oft nach mehreren vergeblichen Versuchen — durch den Blüteneingang bis zum Nektar hinab.

Zu den häufigen und als Bestäuber wirksamen Besuchern dieser Nelke gehört auch die bereits erwähnte *Gamma-Eule* (Plusia gamma, Abb. 36, S. 76), über deren Sinnesleben und den damit zusammenhängenden Blütenbesuch wir heute gut unterrichtet sind. Die noch unerfahrene Eule wird zunächst bei ihren ersten Suchflügen, die langsam und in einer unregelmäßigen Bahn knapp über dem Bewuchs des Bodens ausgeführt werden, durch den Duft zu verschiedenen Blüten geführt, bis sie unter ihnen eine Blütenart findet, die ihr ausreichende Mengen von Nektar bietet. Bei dem darauffolgenden häufigen Besuch dieser Blütenart entsteht dann eine *Bindung an den Duft der Blüte (chemische Bindung)* und zugleich eine *Bindung an deren optische Beschaffenheit* (Farbe und Helligkeit, dabei auch an Weiß). Das Wort „*Bindung*" bedeutet hier: solange die Eule in den Blüten derselben Art ausreichend Nektar findet, werden nur solche Blüten besucht, so daß das Tier also hinsichtlich des Besuches an eine bestimmte Blütenbeschaffenheit „gebunden" ist. Nimmt die Ergiebigkeit dieser Blüten ab, dann lockert sich die Bindung, es erfolgen neue Suchflüge, bis schließlich ein dauernd reichlicher Nektarbezug wieder eine neue Bindung an eine andere Blütenart zustandebringt. Bei der Gamma-Eule und vielen anderen Eulenarten spielt beim Blütenbesuch der Duft die Hauptrolle. Die optischen Wirkungen der Blumen sind aber am Zustandekommen des Besuches bei ihnen ebenfalls mehr oder weniger beteiligt, vor allem an der Fernanlockung erfahrener Tiere durch die Blüten. Dabei ist für die Tagfalter und die Eulen ihr Farbensehen von wesentlicher Bedeutung.

Schwärmerblumen. Zu den Nelkengewächsen gehört auch das *Seifenkraut* (Saponaria officinalis, Abb. 39) mit seinen weißen oder blaß rosenroten Blumenkronen. Seine Blüten stehen Tag und Nacht offen und sie entsenden einen für uns angenehmen Duft, der abends besonders kräftig wird. Der Blütenbau ist ähnlich dem der vorhin besprochenen wilden Nelken. Doch sind die Blütenröhren beim Seifenkraut 18—21 mm lang, somit etwas länger und dadurch der Nektar so tief geborgen, daß er nur mehr sehr langrüsseligen Schmetterlingen vollständig erreichbar ist. Es kommen also für den erfolgreichen Blütenbesuch nur bestimmte

Schwärmer (Sphingidae) wesentlich in Betracht. Bei Tag im Sonnenschein ist es der *Taubenschwanz* (Macroglossum stellatarum, Abb. 37, S. 77), der auch diese Blüten, ebenso wie die Steinnelken, häufig zu besuchen pflegt. Er fliegt eine solche Blüte geradlinig an, bleibt etwa $2^1/_2$ cm vor ihr in der Luft „stehen", entrollt den 25—28 mm langen Rüssel und führt ihn, ohne die Beine zu gebrauchen, von oben her unter kurzem „Trommeln" mit der Rüsselspitze rasch in die Blütenmündung ein. Oft stochert er einige Male mit dem Rüsselende im Blütengrund herum, so daß er alle verfügbaren Nektarmengen zu erlangen vermag. Schnell, wie er gekommen ist, fliegt er wieder fort und besucht die nächste Blüte. Findet der Taubenschwanz rasch nacheinander in zahlreichen Blüten derselben Art genügend Nektar, dann entsteht auch bei ihm eine Bindung an diese Blütenart, wobei aber die *optische Bindung* das Wesentliche ist. Der Duft

Abb. 39. Blüten des *Seifenkrautes* ($^3/_5$ d. nat. Gr.)

der Blüte scheint beim Blütenbesuch des Taubenschwanzes keine besondere Rolle zu spielen.

Das Farbensehen der Tagschwärmer. Der Taubenschwanz ist jener Schwärmer, dessen optisches Verhalten wir am besten kennen. Wir wissen, daß er rotblind ist, so daß der Rotanteil des Lichtes, das von den Blüten zurückgestrahlt wird, in der bereits früher (S. 61) erwähnten Weise für dieses Tier verdunkelnd wirkt. Neben einer *Blaugruppe*, zu der die Blütenfarben Blau, Indigo, Violett und Purpur gehören, und der *Gelbgruppe*, die Rötlich-Gelb, reines Gelb, Grünlich-Gelb und Gelbgrün umfaßt, wird vom Taubenschwanz auch *Blaugrün* unterschieden. Während sein

80

Verhalten gegenüber dieser Farbe noch nicht ausreichend untersucht ist, wissen wir, daß beim Blütenbesuch dieses Schwärmers eine Bindung an die Gelbgruppe entstehen kann, ebenso eine Bindung an die Blaugruppe der Blütenfarben. Es ist auch eine gleichzeitige Bindung an beide Farbgruppen möglich, wenn z. B. eine blaue Blüte eine gelbe Zeichnung aufweist. Solche, von der Umgebungsfarbe abweichende, meist *kleinere Farbflecken* befinden sich häufig als *Saftmale* in der unmittelbaren Nähe des Zuganges zum Nektar. Bei den Versuchen mit dem Taubenschwanz gelang zum erstenmal der Nachweis, daß ein Insekt sich tatsächlich bei seiner Tätigkeit in den Blüten nach solchen Zeichnungen richtet.

Beim Blütenbesuch durch den Taubenschwanz spielt neben den *Wellenlängen* auch die *Sättigung der Blütenfarben*, also der Grad ihrer Annäherung an den spektralen Zustand des betreffenden Lichtes eine wichtige Rolle. Bei der Bindung an eine bestimmte Farbe werden sattgefärbte Objekte den weniger satten vorgezogen. Auch konnte durch den Versuch nachgewiesen werden, daß bei Blüten sattgefärbte Stellen auf weniger gesättigtem Grunde vor allen anderen angeflogen und mit dem Rüssel berührt werden. Sie wirken dann als Saftmale. Das ist z. B. bei den Blüten des *Leinkrautes* (Linaria vulgaris, Abb. 37) der Fall. Diese Blüten sind ihrem Bau nach ausgesprochene Hummel- und Bienenblumen und sie werden dementsprechend auch gewöhnlich, wie wir später erfahren werden, vorwiegend von Hummeln und Bienenarten besucht und bestäubt. Aber auch der Taubenschwanz besucht regelmäßig diese Blüten und entnimmt ihnen den tief im Sporn geborgenen Nektar, indem er vor der Blüte schwebend mit Leichtigkeit seinen Rüssel in den Spalt zwischen den beiden federnd zusammengeschlossenen Lippen des „Blütenrachens" bis in den Grund des nektarhaltigen Blütensporns einführt.

Beim Taubenschwanz ist überdies unter bestimmten Umständen auch eine *Bindung an Hell und Dunkel* möglich, so daß eine Bindung an *weiße Blumen* (z. B. des Seifenkrautes) entstehen kann. Spektrales *Blaugrün* wird von ihm, wenn er eine Bindung an Blau oder an Gelb besitzt, gewöhnlich nicht beachtet. Doch wurde durch Versuche festgestellt, daß bei der Darbietung von Zuckerwasser auf weißen Blütenblättern der Dichternarzisse (Narcissus poeticus) und der dabei entstehenden *Bindung an Weiß* zwischendurch auch spektrales *Blaugrün* Anflüge und das Vorstrecken des Rüssels bewirkte. Dies würde dafür sprechen, daß auch beim Taubenschwanz wie bei der Honigbiene bestimmte weiße Blüten „blaugrün" erscheinen. Doch fehlen uns darüber noch eingehende Versuche, gerade so, wie auch Untersuchungen über die Wahrnehmung des *Ultraviolett* durch den Taubenschwanz und andere Schmetterlinge noch nicht vorliegen.

Versuche mit Tagschwärmern. Es wird den Leser interessieren, zu erfahren, auf welche Weise man im Laboratorium wissenschaftliche Versuche mit einem so rasch fliegenden Schwärmer, wie es der Taubenschwanz ist, anstellen kann. Wir müssen uns hiefür zunächst aus dem Freien einige solche Falter verschaffen, die wir auch unmittelbar vom Blütenbesuch weg in die Gefangenschaft übernehmen können. Dabei kommt uns und auch dem Schwärmer zugute, daß er sogleich einschläft und sich ruhig verhält, wenn man ihn aus dem Tageslicht in einen völlig verdunkelten Raum bringt. Jedes der Versuchstiere wird deshalb gesondert in einer kleinen, lichtdichten und mit einer Nummer versehenen Schachtel untergebracht und immer wieder nach einer Ruhepause von etwa 24 Stunden einzeln zum Versuch hervorgeholt. Diesen führt man entweder in einem entsprechend vorbereiteten Zimmer mit einem frei fliegenden Falter, oder auf kleinstem Raum in einem eigens dafür gebauten, mit Straminwänden versehenen würfelförmigen *Flugkasten* von 50 cm Seitenlänge durch. Die meisten Versuche, und besonders solche, die umständlichere Anordnungen erfordern, werden am besten im Flugkasten angestellt, wo auch eine schärfere Beobachtung des Tieres und der Versuchsanordnung möglich ist.

Öffnet man die den Falter einschließende Schachtel, dann findet man ihn ruhig sitzend mit dachförmig zusammengefalteten Flügeln und zurückgelegten Fühlern meist in einer Ecke des dunklen Behälters. Nach kurzer Belichtung beginnt das noch in der Schachtel sitzende Tier mit den Flügeln zu vibrieren, dann schwirren die Flügel und schon fliegt es dem Lichte entgegen. Es wendet sich aber gewöhnlich bald wieder vom Licht weg und besucht irgendwelche für den Versuch aufgestellte Blumen, wenn sie ihm in bestimmter Weise dargeboten werden. Dabei ist es wichtig, zu wissen, daß man die Falter leicht dazu bringen kann, statt des

Blütennektars entsprechend konzentrierte *Zuckerlösungen* (gleiche Gewichtsteile Rohrzucker und Wasser) *aus natürlichen Blüten oder aus künstlichen farbigen Futtergefäßen* zu entnehmen (Abb. 40). Das ergibt die Möglichkeit für die verschiedensten wissenschaftlichen Untersuchungen über das Verhalten des Taubenschwanzes gegenüber optischen und chemischen Einwirkungen. Wenn man diese Tiere richtig behandelt, kann man sie wochenlang, ja monatelang täglich zu Versuchen verwenden, wobei es für die richtige Beurteilung des Verhaltens aber unerläßlich ist, daß man über jedes einzelne Tier ein genaues Protokoll führt, damit man stets davon unterrichtet ist, woher es stammte, was es während seiner Gefangenschaft erlebte, und wie es sich bei den einzelnen Versuchen benommen hat. Grundsätzlich wird die Fütterung nur im Rahmen von Versuchen durchgeführt und alles Nötige darüber genau verbucht. Dabei ist es auch besonders wichtig, daß bei jedem Versuch dem

Abb. 40. *Taubenschwanz*, frei im Flugkasten fliegend, beim Saugen aus einem künstlichen Futtergefäß ($^5/_8$). Der Rüssel ist hier fast gerade gestreckt

Falter in mehreren oder zahlreichen Objekten immer nur sehr wenig Zuckerwasser dargeboten wird, da die Besuchsflüge des Tieres nur so lange anhalten, als es noch nicht gesättigt ist. Sobald es satt ist, setzt es sich an einer dunklen Stelle zur Ruhe nieder und schläft rasch ein, worauf man es am besten sogleich wieder für 24 Stunden in seinen numerierten Behälter einschließt.

Von besonderem Vorteil sind *dreiteilige Versuchsanordnungen*, die darin bestehen, daß in der Mitte das zu prüfende Objekt aufgestellt ist, während links und rechts daneben die Blüten oder Futtergefäße mit dem zur Fütterung und zur Erzielung von optischen Bindungen dienenden Zuckerwasser dargeboten werden. Mit diesen dreiteiligen Versuchsanordnungen konnte zunächst festgestellt werden, daß die Anflüge und Besuche der Blumen beim Taubenschwanz auch ohne Beteiligung des Blütenduftes durch die optischen Auswirkungen dieser Blumen zustande kommen. Der geradlinige und sehr rasche Anflug dieses Tieres an eine Blüte weist ja schon als solcher darauf hin, daß die Annäherung nicht nach dem Duft erfolgt.

Einer der ersten Blütenversuche, die mit dem Taubenschwanz angestellt wurden, war folgender: natürliche Blütenstände des *Gewöhnlichen Leinkrautes* (Linaria vulgaris) wurden einzeln in Wasserfläschchen aufgestellt und deren Blütensporne mit Hilfe einer feinen Pipette mit je einem Tropfen Zuckerwasser versehen. Sie bildeten die beiden Seitenstücke der dreiteiligen Versuchsanordnung (Abb. 41). Das Mittelstück des Versuches bestand darin, daß zwischen zwei gleich großen farblosen Glasplatten von rechteckigem Umriß (Format 9 × 12 cm) einige wenige von der Pflanze abgeschnittene Blüten des Leinkrautes etwas entfernt vom Plattenrande leicht eingeklemmt und diese Platten mit den Blüten nun in der Weise vertikal montiert wurden, daß der untere Rand der beiden Platten in einem schmalen Schlitz eines prismatischen Holzklötzchens steckte. Die Blüten befanden sich zwischen den Glasplatten in derselben Stellung wie die an den aufrecht stehenden unversehrten Blütenständen des Leinkrautes rechts und links vom Mittelstück der Versuchsanordnung. Der schmale Spalt zwischen den beiden Glasplatten blieb ringsum offen, damit dort der Duft der Blüten entweichen konnte.

Wenn ein bereits fliegender und noch hungriger Taubenschwanz einen der Blütenstände gesehen hatte, begann er sogleich die einzelnen Blüten zu besuchen und er saugte ohne Einhaltung einer bestimmten Reihenfolge nach und nach aus den Blütenspornen das Zuckerwasser heraus, bis er immer häufiger seinen Rüssel auch in Blüten hineinsteckte, deren Sporn von ihm bereits entleert war. Nach einer Anzahl solcher Mißerfolge gab er seine Bemühungen an diesem Blütenstande auf, rollte den Rüssel ein und lenkte seinen Flug zu dem andern noch nicht besuchten Blütenstand hinüber. Sobald er aber beim Vorbeifliegen an dem Mittelstück eine der zwischen den Glasplatten eingeklemmten Blüten erblickt hatte, flog er sogleich auf sie zu, streckte den Rüssel nach ihr aus und versuchte immer wieder seine Rüsselspitze in die Blüte einzuschieben, was natürlich nicht gelingen konnte. Dann begann er auch noch bei einer anderen vom Glas bedeckten Blüte dasselbe

Spiel, bis er schließlich zu dem noch nicht besuchten Blütenstand
weiterflog und sich dort wieder aus zahlreichen Blüten den Zuckersaft holte. Dies konnte sich bei einem und demselben Versuch auch
wiederholen, wenn das Zuckerwasser der Blüten erneuert wurde.

Das Ergebnis war nun folgendes: 1. zeigten die wohlgezielten
Anflüge gegen die von den Glasplatten bedeckten Blüten des

Abb. 41. Dreiteilige Anordnung eines Versuches mit dem *Taubenschwanz*. Auf
der Glasplatte über dem Saftmal der Blüten des Mittelstückes *Rüsselspuren*.
Näheres im Text (Ann. $^1/_2$)

Mittelstückes, daß *die Anflüge nur optisch gelenkt* wurden. Denn
wenn ein Blütenduft den Flug gelenkt hätte, wäre das Versuchstier auf den Rand der Glasplatten zugeflogen, an dem der Blütenduft hervorkommen mußte. Der Plattenrand wurde aber niemals
von einem der Versuchstiere beachtet. 2. Als das Versuchstier von
dem Besuch der mit Zuckerwasser versehenen Blüten zum Mittelstück hinüberwechselte, war seine Rüsselspitze noch benetzt vom
Zuckerwasser der vorher besuchten Blüten. Da der Taubenschwanz mit der noch nassen Rüsselspitze immer wieder gegen
die vom Glas bedeckte Blüte vorstieß, mußte er auf der Glasfläche
den an seiner Rüsselspitze mitgebrachten Rest des Zuckerwassers

nach und nach abstreifen und so die *Spuren seiner Rüsseltätigkeit auf der Glasplatte* zurücklassen. Wenn man nach Beendigung eines solchen Versuches die Glasplatte mit der Lupe genauer untersuchte, konnte man feststellen, daß die Rüsselspuren genau gegen das sattgelbe Saftmal gerichtet und über ihm am dichtesten beisammen waren. Dies kann man sehr deutlich aus der Abbildung 41 entnehmen. Dadurch wird aber auch gezeigt, daß die sattgelb gefärbten Teile der Blüte, also das Saftmal, gegenüber den minder satten blaßgelben Teilen bevorzugt werden und daß diese Bevorzugung nicht etwa auf einen besonderen Duft dieser Blütenstelle, sondern auf deren optische Beschaffenheit zurückzuführen ist.

Die bei solchen Versuchen erzielten *Rüsselspuren* lassen sich auf der Glasplatte sogleich nach Beendigung des Versuches durch Darüberstreuen von feinstem Mennigpulver deutlicher sichtbar machen und man kann sie dann in diesem Zustande in trockener Luft als Beleg (Rüsselspuren-Präparat) über das Benehmen des Falters unbegrenzt lange aufbewahren. Der Falter schreibt also bei einer solchen Anordnung mit seiner feuchten Rüsselspitze sein Benehmen auf der Glasplatte selbst nieder und er hinterläßt sozusagen nach dem Versuch sein *Autogramm für das Protokoll des Experimentators*. Durch immer weiteren und feineren Ausbau dieser Versuchsmethoden und vor allem mit Hilfe solcher dreiteiliger und anderer Versuchsanordnungen wurde schließlich alles das festgestellt, was wir heute von dem Verhalten des Taubenschwanzes beim Blütenbesuch wissen.

Hellfarbige Blüten als Abendschwärmerblumen. Kehren wir nun wieder zum früher erwähnten *Seifenkraut* und seinen Besuchern zurück! Bei Tag werden diese Blüten nur vom *Taubenschwanz* regelrecht besucht, denn unter den mitteleuropäischen Schwärmern ist er der einzige, der stets bei vollem Tageslicht zu fliegen pflegt. Wenn es dunkel wird, hat sich der Taubenschwanz bereits zur Ruhe begeben und dann besorgen größere Schwärmer, wie der *Ligusterschwärmer* (Sphinx ligustri, Rüssellänge 37—42 mm) und vor allem der *Windenschwärmer* (Protoparce convolvuli, Rüssellänge 65—80 mm) die Bestäubung. Je später solche Schwärmer zu fliegen pflegen, desto mehr bewähren sich *helle Blüten* durch ihre gute Sichtbarkeit für den Besuch. Man hat seit langem schon festgestellt, daß die *Nachtschwärmerblumen weiß, hellgelb oder blaßpurpurn* sind. Deshalb scheinen auch die Blüten des Seifenkrautes für den *Besuch in tiefer Dämmerung*, die für den Flug des Windenschwärmers besonders in Betracht kommt, in optischer Hinsicht sehr geeignet zu sein. Nun wird aber in wissenschaftlichen Büchern auch immer angegeben, daß der Blütenduft, besonders wenn er sich abends verstärkt, ein sehr wichtiges Anlockungsmittel für die Abendschwärmer darstellt. Ja, man nahm sogar an, daß ein Abendschwärmer bei sehr geringer Lichtintensität und der angeblich damit verbundenen Unmöglichkeit eines genauen Sehens den Duft als das einzige sichere Hilfsmittel zur Durchführung wohlgezielter Anflüge auf duftende Blüten benützt. Daß hellgefärbte Blüten vom Windenschwärmer während der Dämmerung im Fluge gefunden und ausgebeutet werden, wissen alle Schmetterlingsjäger. Daß aber die helle Färbung einer Blüte und besonders *Weiß auch ohne Mitwirkung eines Duftes* den Flug des Schwärmers zu sich lenken kann, wurde erst durch sorgfältige Experimente an gefangen gehaltenen Tieren nachgewiesen. Es gelang dabei sogar, den Windenschwärmer während seiner Flüge zum Saugen aus duftlosen kleinen weißen Porzellangefäßen zu bringen, nachdem durch entsprechende Fütterungen mit Hilfe von weißen und nahezu weißen Blüten eine *Bindung an Weiß* erzielt worden war. Eine solche ist im Experiment ohne Schwierigkeit zu erreichen, da sie in der freien Natur sehr häufig vorkommt. Dabei ist aber noch die Frage offen, ob nicht die Abendschwärmer manche für uns weiße Blüten in der Dämmerung und in hellen Nächten, geradeso wie die Honigbienen vielfach bei Tag, infolge der Absorption des ultravioletten Lichtes durch die Gewebe der Blütenblätter vielleicht in der Komplementärfarbe, nämlich als mehr oder weniger blaugrüne Blüten sehen. Es wird aber auf jeden Fall auch die große Helligkeit aller übrigen für uns sehr hellfarbigen Abendfalterblumen anderer Farbentönung, der blaßpurpurnen, blaßvioletten und der blaßgelben in Übereinstimmung mit der allgemein herrschenden Auffassung und den Ergebnissen zahlreicher Experimente die wesentliche Voraussetzung für die Anlockung der Abendschwärmer bleiben. Überdies haben die Versuche mit verschiedenen Schwärmern das Auftreten von Kontrastempfindungen ergeben, da weiße Objekte bestimmter Größe unter sonst gleichen äußeren Umständen von diesen Tieren um so mehr beachtet wurden, je dunkler der Hintergrund war, von dem sie sich abhoben. Schließlich sei noch erwähnt, daß die Bindung an Weiß bei verschiedenen Schwärmern sehr leicht durch fortgesetzte Fütterung aus blaß-purpurnen bis sattpurpurnen Blüten oder Futtergefäßen in eine Bindung an die Blaugruppe der Farben abgeändert werden kann.

Bei solchen Versuchen ergab sich auch noch die überraschende Tatsache, daß sogar bei einer so geringen Lichtstärke der Beleuchtung, die uns *dunkelviolette und dunkelpurpurne Blüten und Futtergefäße* nicht mehr farbig sondern dunkelgrau oder schwarz erscheinen läßt, diese ohne Mitwirkung eines Duftes vom Windenschwärmer leicht und sicher aufgefunden und des Zuckerwassers beraubt werden.

Der Nachweis, daß es beim Windenschwärmer eine Fernanlockung ohne Beteiligung des Blütenduftes gibt, besagt aber noch nicht, daß dieser beim Besuch keinerlei Wirkung auf die Schwärmer ausübt, zumal es Abendschwärmer gibt, z. B. den *Mittleren Weinschwärmer* (Chaerocampa elpenor), bei denen bestimmte Düfte anlockend wirken. Vieleicht ist der Blütenduft ganz allgemein imstande, bei verschiedenen Schwärmern eine Stimmung zu erzeugen, in der die optischen Reaktionen und damit auch die Anflüge gegen die Blumen rascher und sicherer erfolgen als ohne das Vorhandensein des Duftes. Man könnte eine solche „Stimmung“ mit unserem Appetit vergleichen, der eine ähnliche Wirkung auf unsere eigene Ernährung hat. Doch, das sind nur Vermutungen, denn die Frage nach der Wirkung des Blumenduftes auf die Abendschwärmer bedarf noch weiterer gründlicher Untersuchungen mit Hilfe einwandfreier wissenschaftlicher Experimente im Freien und im Laboratorium.

Das Farbensehen der Abendschwärmer. Die Versuche mit den Windenschwärmern mußten meistens bei (künstlicher) tiefer Dämmerung durchgeführt werden, so daß eine genaue Beobachtung des Falters und seines Benehmens an den Versuchsobjekten nicht möglich war. Da kommt uns die schon früher beim Taubenschwanz besprochene *Rüsselspurenmethode* zustatten, bei der das Tier sein Verhalten selbst auf der Versuchsanordnung aufzeichnet. Abb. 42 gibt die Anordnung und das Ergebnis eines solchen Versuches wieder. Rechts und links sieht man ein trichterförmiges dunkelviolettes Futtergefäß, das auf einer Nadel montiert ist. Die

Nadel steckt in einem Kork auf einem Unterlagsklötzchen. Diese
Futtergefäße wurden aus weißem, mit Methylviolett gefärbtem
Schreibpapier angefertigt und dann mit weißem Bienenwachs
imprägniert. Die beiden Trichter enthielten einige Tropfen Zuckerwasser. Zwischen ihnen stand aufrecht, zwischen zwei Glasplatten

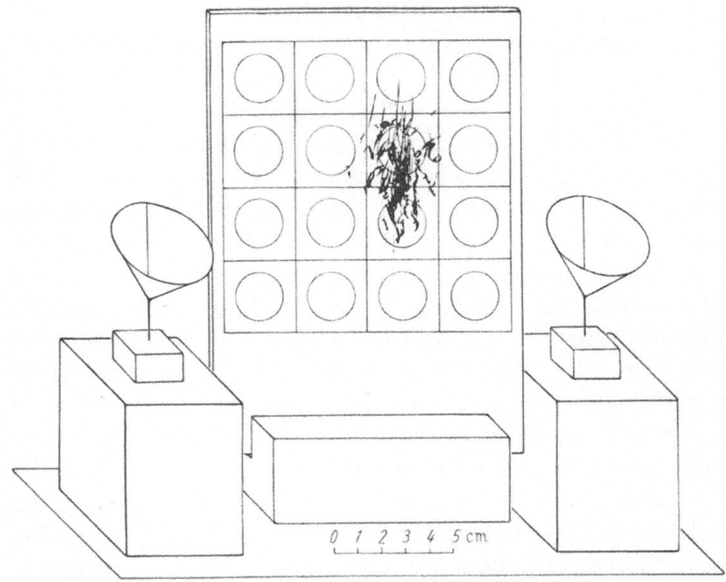

Abb. 42. Farbensinn des *Windenschwärmers*. Grautafelanordnung unter Glas,
mit 15 grauen Kreisscheibchen verschiedener Helligkeit, dazwischen (2. Reihe,
3. Scheibchen) ein *dunkelviolettes* Scheibchen mit kräftigen *Rüsselspuren* (Näheres
im Text)

eingefügt, die *Grautafel*, aus 16 mittelgrauen Quadraten zusammengesetzt. In der Mitte der Quadrate waren kreisförmige Papierscheibchen angebracht, die in unregelmäßiger Aufeinanderfolge
die verschiedensten Helligkeitsstufen von Weiß bis Schwarz
zeigten. Ein Scheibchen (bei diesem Versuch: 2. Reihe, 3. Scheibchen von links) war violett. Man sieht als Ergebnis des Versuches,
daß der Falter zwischen den Besuchen der Zuckerwassertrichter
oftmals wohlgezielt das violette Scheibchen angeflogen und darüber mit der feuchten Rüsselspitze seine Spuren hinterlassen hat.
So hat er selbst mit dem Rüssel ein Versuchsprotokoll geschrieben,

das eindeutig beweist, daß er ohne Mitwirkung eines vom Objekt ausgehenden Duftes das Violett von den Grauscheibchen beliebiger Helligkeit unterscheiden kann. Das gleiche Ergebnis hatten Versuche mit dunkelblauen Papierscheibchen. Dieser Schwärmer besitzt somit *ein ausgesprochenes Farbensehen* und die Fähigkeit zu einer *optischen Bindung* selbst für so *dunkle Objekte*, wie es das violette und blaue Scheibchen der Grautafel und die dunkelvioletten Futtergefäße waren.

3. Die Zweiflügler (Diptera)

Die Fliegenblumen. Unter den mehr als 40000 Arten von Zweiflüglern, die bisher beschrieben worden sind, gibt es viele, die als fertige Tiere ausschließlich oder nebenbei auch Blüten besuchen und sich von Blütenprodukten ernähren. Geradeso, wie es in Mitteleuropa keine stets nur von Käfern besuchte Blütenarten gibt, sind hier solche Blüten, die ganz auf den Besuch von Zweiflüglern angewiesen sind, sehr selten. Bei den häufig von Dipteren besuchten Blüten und Blütenständen, den Fliegenblumen (Dipterenblumen), handelt es sich fast immer um *Blumen mit einem gemischten Besucherkreis*, in dem die Zweiflügler stets oder wenigstens zeitweise eine vorherrschende Rolle spielen. Der *Nektar* ist in solchen Blumenformen leicht zugänglich. Bei Blüten, deren Nektarräume frei der Luft und dem Sonnenschein ausgesetzt sind, ist der Zuckersaft durch Verdunstung oft sehr stark eingedickt, so daß die Besucher diesen zunächst mit Flüssigkeit aus ihrem Mund benetzen und verdünnen müssen, um ihn in sich aufnehmen zu können. Ein gutes Beispiel solcher Blumen sind die bereits früher (S. 53, Abb. 26) erwähnten, spät im Herbst erscheinenden grünen Blüten unseres *Efeu*, die durch ihren etwas fauligen Amin-Duft vor allem zahlreiche *große Blumen- und Aasfliegen* (Eristalis, Anthomyia, Calliphora u. a.) aber auch *Faltenwespen und sonstige Hautflügler* anzulocken pflegen. Die Absonderung des Nektars ist hier oft so reichlich, daß er, wenn er nicht von Insekten fortgeholt wird, bei geringer Luftfeuchtigkeit zu weißlichen Zuckerkrusten vertrocknet.

Körperbau und Eignung der Zweiflügler für den Blütenbesuch. Geradeso wie von den Käfern wird auch von bestimmten Zweiflüglern in verschiedenen Blüten der *Pollen* gefressen, so daß unter den Dipterenblumen neben Nektarblumen auch ausgesprochene *Pollenblumen* zu finden sind. Alle diese Dipteren verzehren die ihnen dargebotenen Blütenprodukte an Ort und Stelle, ohne daß sie für die Brutpflege irgendwelche Vorsorge durch Einsammeln von Blütenstaub und Nektar treffen. Die Larven der Zweiflügler sind eben geradeso wie die der Käfer an die verschiedensten lebenden und toten Nahrungsquellen gebunden, aber nicht an die Ernährung durch Blütenprodukte. Auch pflegen die Zweiflügler keine dauernd zusammenbleibenden Familien oder Tierstaaten mit Arbeitsteilung zu bilden. Dadurch ist die Zahl der Blütenbesuche, die ja nur dem eigenen Bedarf dienen, trotz guter körperlicher Ausstattung und sonstiger Eignung mancher dieser Tiere weit geringer als bei den höchststehenden Hautflüglern.

Abb. 43. Eine *Schwebfliege (Myiatropa florea)*, mit dem ausgestreckten Rüssel die Blütenteile des *Studentenröschens* abtastend (Photo Fr. SCHREMMER, Vergr. fast 2mal)

Der Wert der Blumentätigkeit der Zweiflügler-Gattungen ist recht verschieden. Zu den wertvollsten Besuchern vieler Blütenarten gehört die Familie der *Schwebfliegen* (Syrphidae). Am bekanntesten ist unter ihnen wohl die im Aussehen und in der Größe unserer Honigbiene recht ähnliche *Schlammfliege* (Eristalomyia tenax), deren langgeschwänzte gelbliche Larven häufig in Jauchegruben zu finden sind. Hat eine solche Schwebfliege oder eine ihrer Verwandten im wohlgezielten Anflug eine Blüte erreicht, läßt sie sich auf ihr nieder und streckt den vorher der Kopfunterseite dicht anliegenden *Rüssel* aus (Abb. 43). Dann wird die Blüte mit dem *verbreiterten Rüsselende* abgetastet, bis Nektar oder Pollen gefunden und vom Rüssel übernommen werden. Dieser ist bei der Schlammfliege im ausgestreckten Zustande etwa 5 mm lang und ein kompliziert gebautes Organ, dessen Unterseite im wesentlichen durch die stark veränderte und verlängerte Unterlippe (Abb. 29 *Ul*, S. 67) gebildet wird. Die Mundteile schließen hier zu einer dichten

Röhre zusammen, in der der Nektar auch aus tiefer gelegenen Räumen emporgesaugt werden kann. Die Oberkiefer (Abb. 29 *Ok*), die bei den Käfern kräftige Beißwerkzeuge bilden, sind bei den Fliegen in die Bildung des Rüssels miteinbezogen und dadurch zum Erfassen und Zerkleinern der Pollenklumpen nicht mehr verwendbar. Wenn eine Schwebfliege Pollen verzehrt, wird dieser von den beiden stark gerillten und gegeneinander beweglichen *Endklappen (Unterlippentastern,* Abb. 29 *Ult*) des Rüssels erfaßt, in die einzelnen Körner zerrieben und nach hinten zu in die Rinne der Unterlippe hineingeschoben, aus der er durch die Bewegung der benachbarten Mundteile in die Mundöffnung hineinbefördert wird.

Im Gegensatz zur Schlammfliege und anderen Schwebfliegen besitzen die als Blütenbesucher ebenfalls sehr wertvollen *Wollschweber* oder *Hummelfliegen* (Bombylius-Arten, Abb. 44), einen *schmal zugespitzten, bis zu 12 mm langen Rüssel.* Dieser ist vor allem zum Saugen von tief geborgenem Nektar eingerichtet, den er auch aus sehr engen Zugängen hervorholen kann. Er ist im Ruhezustand und während des Fluges gerade nach vorn gestreckt. Zum Übernehmen und Verzehren von Pollen ist er aber nur sehr wenig oder gar nicht geeignet.

Die Orientierung der Zweiflügler beim Blütenbesuch. Zur Orientierung beim Blütenbesuch benützen die Zweiflügler den *Gesichtssinn* und den *Geruchssinn.* Für den ungehinderten Flug in der Landschaft spielt natürlich der Gesichtssinn die Hauptrolle. Bei der Annäherung an die Blumen bedienen sich die weniger spezialisierten Fliegen des Geruchssinnes, der ihnen allerdings nur, wie erwähnt, eine allmähliche, krummlinige und wenig sichere Flugbewegung zu den Blumen ermöglicht. Dies gilt besonders für die Annäherung an jene Blüten und Blütenstände, die für den Menschen einen unangenehmen Geruch, wie Fäulnis- und Kotgeruch zeigen. Man hat solche Blumen, sie allzusehr vermenschlichend, als „Ekelblumen" bezeichnet, obgleich sich bestimmt kein Insekt vor ihnen ekelt. Sie besitzen nicht die lebhaften, satten Blütenfarben, wie wir sie z. B. von den Falterblumen her kennen, sondern nur unscheinbare. Ihre Färbung ist oft braun in verschiedenen Abstufungen der Farbe und Helligkeit, dabei häufig marmoriert oder gesprenkelt mit abwechselnd helleren und dunkleren Stellen.

Nur selten sind solche Blumen grün, wie die Blüten des Efeu. Häufiger sind sie weiß, trübgelb oder dunkel blutrot. Dagegen zeigen die von Schwebfliegen und Wollschwebern besuchten Blumen sehr oft ein kräftiges Gelb, Blau oder Violett, wie die Tagfalterblumen, wobei auch weiße Blumen nicht fehlen.

Besonders reizvoll ist es, die *Wollschweber* beim Blütenbesuch zu beobachten. Wir finden sie im Frühlingssonnenschein z. B. an dem überwiegend dunkelblauen Blütenstand der *Traubenhyazinthe* (Muscari racemosum, Abb. 44 unten). Wohlgezielt fliegt ein solches Tier rasch von Blütenstand zu Blütenstand. Während es flügelschwirrend sich mit seinen 4 Vorderbeinen am Rand des weißen Blüteneingangs festhält, schiebt es den Rüssel in den Blütengrund hinein, der ihm, nach außen unsichtbar, einen Tropfen Nektar bietet. Aber auch an anderen lebhaft gefärbten Blüten kann man die Wollschweber häufig sehen. Sie besitzen ein ausgeprägtes *Farbensehen* und die Anlockung aus der Ferne geschieht optisch. Die Anflüge erfolgen daher annähernd geradlinig. Beim Blütenbesuch können auch *optische Bindungen* zustande kommen und sich entsprechend auswirken.

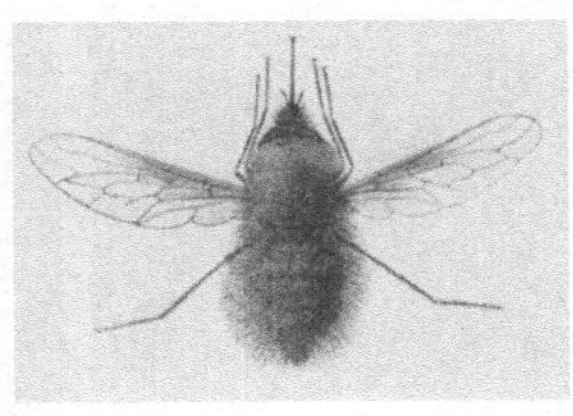

Abb. 44. Ein fliegender *Wollschweber* (2mal) in der Bein- und Rüsselhaltung unmittelbar vor dem Anklammern an eine Blüte (oberes Bild) und beim Saugen aus Blüten der *Traubenhyazinthe* (unteres Bild)

Die Kesselfalle des Aronstabes. Es gibt eine Anzahl von Blumenarten, die einen erweiterten Hohlraum besitzen, in dem sich Zweiflügler und andere Besucher aufhalten und dabei die Bestäubung durchzuführen pflegen. Da solche Pflanzenteile in ihrer Gestalt eine gewisse Ähnlichkeit mit einem „Kessel" besitzen, wie er früher zum Branntweinbrennen (Destillieren) verwendet worden ist, hat man sie ebenfalls als *Kessel* bezeichnet. Dabei war man nun zunächst der Meinung, daß die Bestäuber wohl durch den Duft angelockt werden, aber in erster Linie ein warmes Obdach

für die Nacht suchen und sich deshalb in den Kessel hineinbegeben, ohne zu ahnen, daß sie hier nun so lange gefangen
bleiben, bis sie den mitgebrachten Blütenstaub an die Narben
abgegeben und frischen zur Weiterbeförderung übernommen

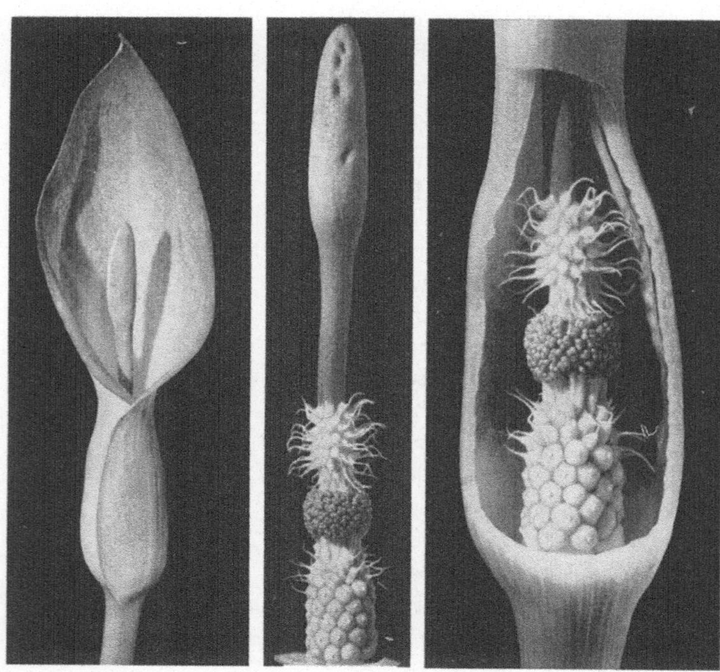

Abb. 45. Blütenstand des *Gefleckten Aronstabes*. Links: Blütenstand unmittelbar
nach dem Öffnen des Hüllblattes, Außenansicht. Aus dem geschlossenen Teil
des Hüllblattes (Kessel) ragt die gestielte Keule in den offenen Oberteil (Helm)
empor ($^2/_3$). Mitte: Blütenstand im weiblichen Zustand, nach dem Wegschneiden
des Hüllblattes ($^4/_3$); von oben nach unten: Keule, Keulenstiel, oberes Hindernis,
männlicher Abschnitt (Staubbeutel noch geschlossen), unteres Hindernis, weiblicher Abschnitt in Funktion (Safttropfen auf den Narben). — Rechts: Kessel
eines Blütenstandes im weiblichen Zustand, der Länge nach aufgeschnitten, um
die Raumverhältnisse innerhalb des Kessels zu zeigen (2mal)

haben. Man sah, daß die Tiere dabei in eine Falle gegangen waren
und nannte solche Blumen deshalb *Kesselfallenblumen*.

Betrachten wir in dieser Hinsicht den bekannten *Aronstab* (Arum
maculatum, Abb. 45)! Im Frühjahr ist aus der bereits beblätterten
Pflanze ein aufrechter Blütenstand hervorgekommen, der als

94

Knospe seiner ganzen Länge nach von einem großen *Scheidenblatt (Spatha)* eingehüllt wird. Beim Aufblühen öffnet sich der Oberteil des Scheidenblattes und läßt dabei das keulenförmige übelriechende Ende der blütentragenden Achse zum Vorschein kommen (Abb. 45, links). Um den Stiel der Keule führt eine ringförmige Öffnung in einen verbreiterten *Hohlraum (Kessel)* des dütenförmig zusammengerollten Scheidenblattes hinab. Knapp unter dem Eingang in den Kessel steht an der Achse des Blütenstandes ein Kranz eigenartig gestalteter anfangs steifer Organe, deren jedes mit einer abwärts gekrümmten Borste endigt *(Hindernisorgane,* Abb. 45, rechts und Mitte). An sie schließt sich eine dichte Gruppe von Staubblättern an, die am ersten Tag nach dem Öffnen der Scheide zwar schon reif, aber noch geschlossen sind. Diese Gruppe besteht aus zahlreichen eng zusammengedrängten *männlichen Blüten,* die durch keinerlei Blütenhüllen voneinander abgegrenzt sind. Darauf folgt wieder ein

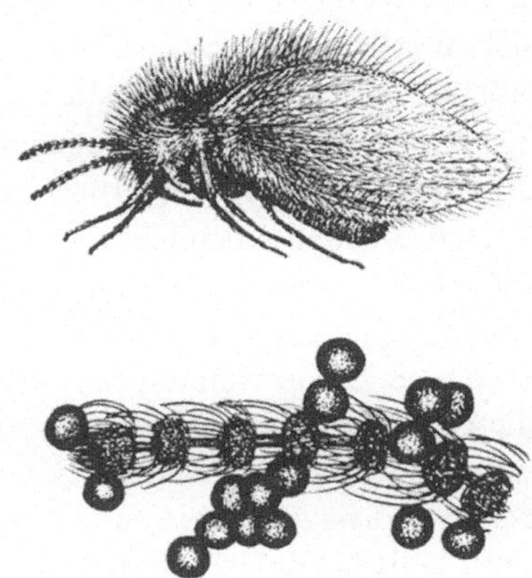

Abb. 46. *Schmetterlingsmücken (Psychoda-Arten)* als Bestäuber des *Aronstabes.* Oben: eine Mücke von der Seite (nach B. Mannheims, 15mal); unten: ein Fühlerende mit Pollenkörnern des *Gefleckten Aronstabes* (Original, 150mal)

Kranz von *Hindernisorganen* derselben Beschaffenheit wie jene unterhalb des Kesseleinganges. Zu unterst an der Achse stehen dicht aneinandergefügt in großer Zahl die *weiblichen Blüten,* die ebenfalls hüllenlos sind. Jede von ihnen trägt an ihrem rötlich gefärbten oberen Ende *als Narbe einen weißen Haarschopf,* der von einer schleimigen Flüssigkeit durchtränkt ist.

Am ersten Tag des Blühens enthält der Kessel neben anderen winzigen Insekten vor allem zahlreiche *kleine Dipteren.* Sie gehören zu den *Schmetterlingsmücken* (Psychoda-Arten, Abb. 46 oben), die man häufig an unsauberen und übelriechenden Orten anzutreffen pflegt. Manchmal findet man von ihnen in einem Kessel gleichzeitig mehrere hundert Individuen, die sofort davonfliegen, wenn man ihn öffnet. Wie sind nun diese Tiere in den Kessel geraten und warum verlassen sie ihn nicht sogleich wieder auf demselben Wege, auf dem sie hineingekommen sind? Die Antwort ist folgende: Die *Keule* entsendet schon beim Öffnen der Spatha einen uns unangenehmen Geruch, der verschiedene *fäulnisliebende Insekten anlockt*. Es sind darunter auch größere *Fliegen* und *Käfer*, die sich zunächst in der Nähe des Blütenstandes niedersetzen. Wenn eines dieser Tiere gegen die Keule hinfliegt und sich auf ihr oder auf der Oberseite des Spatha-Oberteiles niederläßt, dann finden seine Krallen und Haftlappen keinen Halt, das Tier gleitet aus und stürzt gegen die Öffnung des Kessels. Es kann dort aber infolge seiner Größe nicht zwischen den dichtgestellten oberen Borsten in den Kessel hinabfallen. Nun setzt es rasch seine Flügel in Bewegung und fliegt, durch den Absturz „erschreckt", wieder schleunigst davon. Sehr kleine Zweiflügler oder Käfer, besonders die erwähnten Schmetterlingsmücken, die ebenfalls auf dieselbe Weise angelockt wurden und abstürzten, gleiten aber weiter zwischen den wie ein Sieb wirkenden Borsten hindurch in den *Hohlraum des Kessels* hinab, bis sie an seinem Boden angelangt sind. Dort beginnen sie sogleich ihre *Fluchtversuche*, indem sie der hellsten Stelle des Hohlraums zustreben. Ein Emporsteigen an der etwas geröteten Innenfläche des Kessels erweist sich aber bald als vergeblich, denn *die Wandflächen sind für die Insektenbeine ungangbar*. Die Tiere versuchen dann, über die weiblichen Blüten emporsteigend, auf einem anderen Weg zu entkommen. Sobald sie aber an den unteren *Hindernisorganen* angelangt sind und dort ihre Kletterversuche machen, erweisen sich auch diese Gebilde als *unübersteigbare Hindernisse*, da die Insektenbeine hier ebenfalls keinen Halt zu finden vermögen. So verbleiben die Tiere dann den ganzen Tag im Kessel. Beim Übersteigen der gut gangbaren weiblichen Blüten haben sie den schleimigen Saft in den Haarbüscheln der Narben entdeckt. Er ist für die Mücken, die keinen Pollen fressen können, aber auch für die kleinen Käfer eine Art von Nektar, so daß sie dadurch eine ihnen zusagende *flüssige Nahrung* bekommen. Falls sie Arum-Pollen an ihrem Körper hatten, haben sie ihn bei ihren Wanderungen wenigsten teilweise an den feuchten Narben abgestreift. Der Pollen beginnt dann bald im Narbenschleim zu keimen.

Unterdessen wird es Nacht, die Insassen stellen ihre Bewegungen ein und verharren ruhig am Grunde des Kessels. Nun öffnen sich während der Dunkelheit nach und nach die bisher geschlossenen Staubblätter. Die ganze Nacht hindurch fällt dann der etwas klebrige *Pollen* wie ein Regen auf die im Grunde des Kessels schlafenden Insekten, so daß sie am nächsten Morgen über und über mit Pollen bedeckt sind (Abb. 46 unten). Wenn es hell genug geworden ist, beginnen die Tiere von neuem ihre Fluchtversuche. An den Kesselwänden gibt es aber auch jetzt keinen Erfolg. Dagegen sind *die Hindernisorgane über Nacht schlaff und runzelig geworden.* Sie sind nun dafür geeignet, daß die Insekten an ihrer weichen Oberfläche die Krallen einsetzen und hier emporklettern können. So übersteigen sie auch die männliche Region des Blütenstandes und die ebenfalls gangbar gewordenen oberen Hindernisorgane, worauf sie von dem Keulenstiel oder der nun nicht mehr stinkenden Keule pollenbeladen abfliegen und in die Freiheit gelangen. Doch währt an einem Orte, wo zahlreiche Pflanzen des Aronstabes blühen, die Freiheit nicht lange. Denn sobald die Tiere bei ihren Flügen wieder in die Nähe eines stinkenden Blütenstandes kommen, werden sie abermals von dem Duft der Keule angelockt, stürzen wieder ab und die Gefangenschaft beginnt von neuem. So werden die Arumblüten bestäubt und die Tiere zugleich verköstigt, so daß beide Teile auf ihre Rechnung kommen. Dieses Spiel kann immer weiter fortgesetzt werden, so lange noch solche Pflanzen in Blüte stehen. Dabei wird stets eine *Fremdbestäubung* bewirkt, da weibliche und männliche Blüten desselben Blütenstandes niemals gleichzeitig in Funktion treten und daher eine Selbstbestäubung ausgeschlossen ist.

Aus dem Verhalten dieser Kesselfallen und ihrer Besucher kann man somit klar erkennen, daß die Insekten nicht als obdachsuchende Tiere in den Kessel gelangen, sondern, durch den Duft angelockt, tatsächlich ahnungslos in eine Falle geraten, die man nach ihrer Funktion am besten als *Gleitfalle* bezeichnet. Spätestens nach 24 Stunden werden die Tiere wieder wohlbehalten und ausreichend verpflegt aus der Haft entlassen. Welche Mittel besitzt nun der Arum-Blütenstand, um den für die Bestäubung der Blüten notwendigen Absturz der angelockten Insekten zu bewirken? Man muß zunächst berücksichtigen, daß diese Tiere an ihren Beinenden je zwei Krallen besitzen, mit denen sie sich an rauhen Flächenteilen einhaken können. Überdies befindet sich zwischen den beiden Krallen der Dipterenbeine ein behaarter Haftlappen, dessen Klebrigkeit ein rasches aber vorübergehendes Festheften an glatten, trockenen und staubfreien Flächen gestattet. An den lebenden ebenen Hautgeweben der Blütenpflanzen, also an den Blättern und Stengeln des Aronstabes, können solche Zweiflügler auch bei steilgestellten glatten Flächen ohne Schwierigkeit mit Hilfe ihrer Haftlappen rasch hin- und herwandern. Sind die steilen Flächenteile jedoch gleichmäßig mit kleinen, glatten Papillen versehen, dann werden die Dipteren schon weniger gut auf ihnen herumlaufen können, da die Hafteinrichtungen teilweise hohl liegen und nicht mehr voll zur Wirkung gelangen. Ganz unmöglich wird ihnen aber das Laufen auf steil gestellten glatten oder papillösen Unterlagen, wenn diese irgendwie mit einer von ihnen abgeschiedenen Flüssigkeit bedeckt sind, die die Klebwirkung der Haftlappen verhindert. Einen solchen Zustand sehen wir bei den verschiedenen ungangbaren Teilen der Arum-Blütenstände: ihre *glatten, fugenlosen und teilweise papillösen Oberflächen* gestatten keine Anwendung der Krallen und die auf den Außenseiten der Epidermiszellen ausgeschiedenen *Öltröpfchen* schalten die Wirkung der Haftlappen vollständig aus. Solange dieser Zustand andauert, bleiben die steilen Flächen für die Beine der Arum-Insekten ungangbar und dadurch ausgesprochene *Gleitflächen*. Erst wenn die Flächen durch das beim Verblühen eintretende natürliche Welken der Gewebe sich runzeln und weich werden, dann ist den Insekten ein Überschreiten mit Hilfe ihrer Krallen wieder möglich. Die Gleitflächen der Spatha-Innenseite behalten dagegen die Ungangbarkeit auch beim Verblühen noch längere Zeit bei, während die anfangs ungangbaren Hindernisorgane schon in der Nacht, die dem Aufblühen folgt, nach und nach gangbar werden.

Man hat früher auch geglaubt, daß die starke Erwärmung der Keule, die beim Öffnen der Spatha des Aronstabes und unmittelbar hernach sich bemerkbar macht, wärmebedürftige Insekten anlocke. Neuere Versuche haben aber ergeben, daß sie keine anlockende Wirkung besitzt. Trotzdem erregt aber der ganze Erscheinungskomplex dieser Kesselfalle noch immer unser Erstaunen, vor allem was die mit großer Sicherheit funktionierenden Einrichtungen des

Blütenstandes und das zeitliche Zusammenspiel der zur Fremdbestäubung führenden Vorgänge betrifft.

Die Kesselfalle der Osterluzei-Blüte. In ähnlicher Weise wie
die Arum-Blütenstände sind die trübgelben zwitterigen Blüten
unserer *Osterluzei* (Aristolochia clematitis, Abb. 47) als Kesselfallen eingerichtet. Bei diesen wirkt der Duft der Blütenhülle anlockend auf kleine Dipte-
ren und ganz besonders auf
verschiedene *Zuckmücken*
(Chironomiden, vor allem
auf die Arten der Gattung
Ceratopogon). Wenn sich
solche Mücken an der
Innenseite des aufrecht
stehenden zungenförmigen
Oberteils der Blütenhülle
(Abb. 48 A) niederlassen,
stürzen sie sogleich ab. Sie
fallen durch die trichter-
förmige Öffnung der Blü-
tenhülle in die ebenfalls
aufrechte Röhre hinein und
gleiten nun in ihr trotz verschiedenen Fluchtbewe-
gungen rasch zwischen den
leicht beweglichen Haaren
der Röhreninnenseite hin-
durch bis in den Kessel hin-

Abb. 47. Aufrechter Zweig der *Osterluzei*
mit Blüten in verschiedenem Ausbildungs-
und Bestäubungszustand ($^1/_3$ d. nat. Gr.)

ab, wo sie 2—3 Tage lang eingeschlossen und mit Nektar verpflegt
werden. Die Gleitflächen der Blüte sind hier nicht durch Öltröpfchen, sondern durch *leicht ablösbare Wachskörnchen* für die Haftlappen
der Dipteren ungangbar gemacht. Diese Insekten können ihr Ge-
fängnis, das im wesentlichen einer Fischreuse ähnlich gebaut ist, erst
dann wieder verlassen, wenn nach erfolgter Bestäubung und der
Übernahme frischen Pollens sich die Blüten umlegen (Abb. 48 *B*) und
die anfangs die Röhre nach außen absperrenden Haare vertrocknen.
Dadurch wird den Dipteren das Gehen in der jetzt horizontal oder
etwas abwärts gerichteten Blütenhülle und damit das Entweichen

7*

über die wachsbedeckten und nicht verwelkten Innenflächen der Röhre und des Röhreneinganges möglich.

Auch bei der Osterluzei-Blüte ist der Mechanismus überaus wirksam und verläßlich. Die Bestäubung ist auch bei dieser Gleitfallenblume eine *Fremdbestäubung,* da die Narben schon beim Öffnen der Blüte empfangsbereit sind und die Staubblätter sich erst nach dem Vertrocknen der Narbe öffnen. Weil als unfreiwillige Besucher nur Dipteren festgestellt worden sind, kann man unsere Aristolochia-Blüte als *reine Dipterenblume* bezeichnen. Hier wird die Einschränkung des Besucherkreises auf kleine Zweiflügler durch einen vor allem bestimmte Mücken anlockenden Duft bewirkt und auch durch die Kleinheit des als Sturzpforte dienenden trichterförmigen Blüteneinganges.

Die wiedergegebenen Beispiele der von Dipteren besuchten und bestäubten Blüten bieten nur einen sehr begrenzten Einblick in die Mannigfaltigkeit ihres Verhaltens. Trotzdem sehen wir aber auch aus diesen wenigen Beispielen, wie bedeutungsvoll bei bestimmten Blüteneinrichtungen die Bestäubungstätigkeit der Zweiflügler werden kann.

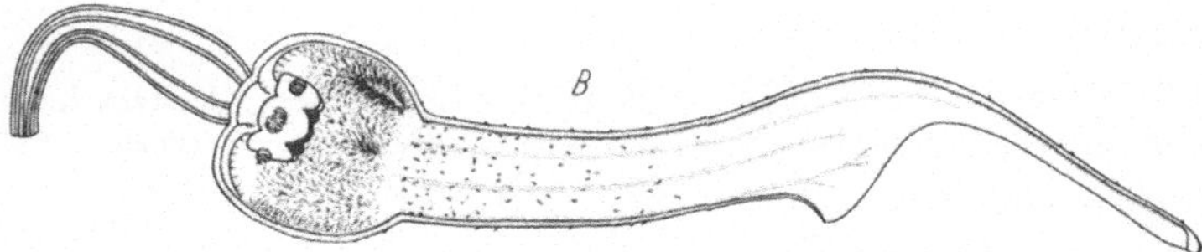

Abb. 48. *Osterluzei*-Blüten (etwas vereinfacht). *A* aufrecht, im *weiblichen* Zustand: Narben empfangsbereit, Staubbeutel geschlossen, mit prallen Reusenhaaren im Halsteil der Blüte, *B* horizontal gestellt, im *männlichen* Zustand: Staubbeutel geöffnet, Pollen freiliegend, Narben vertrocknet, Reusenhaare verschrumpft. Nektarausscheidungen bei *A* und *B* an Haarpolstern im Kessel (3mal)

4. Die Hautflügler (Hymenoptera)

Allgemeines über die Hautflügler und ihren Blütenbesuch. Weit größer als der Anteil der Schmetterlinge ist in Europa der Anteil der Hautflügler an der Bestäubung der Blüten. Gehört doch etwa die Hälfte der Insektenarten, die hier die Blüten zu besuchen pflegen, zu dieser Insektenordnung! Bei den bisher besprochenen Insektenordnungen der Käfer, Schmetterlinge und Zweiflügler haben wir nur einzeln lebende Formen als Bestäuber kennen gelernt. Bei den Hautflüglern finden wir dagegen neben einzeln lebenden Tieren auch solche, die in kleineren oder größeren Familien zusammenleben und deshalb nicht nur für sich selbst, sondern auch für ihre Gemeinschaft die Blütenprodukte übernehmen und in die Nester tragen. Während wir bei den Insekten bis jetzt in dem einzigen Falle der Yucca-Motte die Übernahme von Blütenstaub im Dienste der Brutpflege feststellen konnten, ist das Einsammeln von Pollen und Nektar für die Aufzucht der Larven auch bei den einzeln lebenden Hautflüglern sehr verbreitet. Dadurch wird die Zahl der Blütenbesuche der Art-Individuen beträchtlich vermehrt und die Bestäubung der von ihnen besuchten Blüten gewinnt an Wirkung. Noch größer wird der Bestäubungserfolg bei jenen blütenbesuchenden Arten der Hautflügler, die individuenreiche Staaten bilden, deren Mitglieder eine oft weitgehende Arbeitsteilung zeigen.

Die höchstentwickelten Blütenbesucher unter den Hautflüglern sind die verschiedenen Arten der *Bienen (im weiteren Sinne) oder Immen* (Apidae). Die bekanntesten Vertreter dieser Gruppe sind die *Honigbiene* und die verschiedenen *Hummel-Arten.* Ihre Vorfahren waren im Bau und in den Lebensgewohnheiten ähnlich den heutigen *Grabwespen* (Sphegidae), deren Gattungen und Arten ihre Brut mit erbeuteten Insekten ernähren, im erwachsenen Zustand aber häufig auf verschiedenen Blüten mit leicht zugänglichem Nektar vorkommen und diesen in sich aufnehmen. Irgendwelche besondere Einrichtungen zum Aufsaugen des Nektars sind aber bei diesen Tieren nicht vorhanden. Ihr Wert für die Bestäubung ist gering.

Von grabwespenähnlichen Formen stammen auch unsere heutigen *Faltenwespen* (Echte Wespen, Vespidae) ab. Diese Hautflügler, zu denen die bekannten, oft zu unseren Küchenvorräten kommenden schwarz-gelb gefärbten Wespen gehören, machen für die Zwecke der eigenen Ernährung und der Versorgung ihrer Brut auf andere Insekten Jagd, fressen gern das Fleisch verschiedener saftiger Früchte, besuchen aber auch bestimmte Blüten, deren Nektar leicht erreichbar ist. Der Pollen wird von ihnen nicht beachtet, aber doch bei manchen Blüten übertragen. Eine besondere Ausgestaltung der Mundregion zum Saugen von Nektar und eine Behaarung, die eine Übertragung des Blütenstaubes erleichtert, ist bei ihnen nicht vorhanden. Die Anlockung geschieht vor allem durch den Duft, aber auch durch die Farbe. Sie gewinnen nur hinsichtlich bestimmter Blüten eine gewisse Bedeutung für die Bestäubung.

Gallwespenblumen. Die Gallwespen (Cynipidae) sind kleine Hautflügler, deren Larven sich vom Ei bis zum fertigen Insekt in bestimmten ringsum abgeschlossenen Pflanzenteilen entwickeln, die gleichzeitig mit der Larve sich vergrößern und dieser innerhalb ihrer Wohnung eine passende Nahrung darbieten. Eine solche pflanzliche Bildung nennt man eine *Galle*. Die Gallwespen haben besonders in den tropischen Gebieten eine große Bedeutung für die Übertragung des Blütenstaubes. Wir finden sie dort als ausschließliche Bestäuber der bis jetzt beschriebenen etwa 700 *Arten von Feigenbäumen* (Ficus-Arten). Die Gallwespen sind aber auch deshalb bemerkenswert, weil bereits im griechischen Altertum bei dem auch in Südeuropa wachsenden und dort überall kultivierten *Feigenbaum* (Ficus carica) die Tätigkeit der winzigen *Feigen-Gallwespe* (Blastophaga psenes, Abb. 50 und 52) in ihrer Bedeutung für den Fruchtansatz richtig erkannt und praktisch verwertet worden ist.

Um die Bestäubungsvorgänge bei den Feigenbäumen leichter zu verstehen, muß man vor allem wissen, daß das, was wir „*eine Feige*" nennen, aus einem Blütenstand mit zahlreichen Einzelblüten hervorgegangen, also *ein Fruchtstand* ist. Die vielen kleinen harten Körnchen, die wir beim Zerbeißen einer reifen Feige bemerken, sind die Steinkerne der *winzigen Früchte*, die in dem zum „Fleisch" der Feige werdenden *hohlen Achsengebilde* (Achsenbecher, Urne oder Krug, Abb. 49 *E*) heranwuchsen. Die Tätigkeit der bestäubenden Tiere ist hier recht verwickelt. Sie wird am leichtesten verstanden, wenn man zunächst das Verhalten der wilden Feigenbäume kennen lernt.

Die Wildfeigenbäume. Es gibt in einigen Teilen Italiens noch wildwachsende Feigenbäume (Ficus carica erinosyce), die bis heute in ihrer ursprünglichen Form erhalten geblieben sind. Die Lebensvorgänge dieser Feigenbäume und der in ihren Feigen sich entwickelnden Gallwespen sind hier mit einer solchen Genauigkeit räumlich und zeitlich aufeinander abgestimmt, daß eine vollendete Symbiose zustande gekommen ist, in der nach dem Aussterben des einen Partners unfehlbar auch das Aussterben des anderen erfolgen müßte. Diese wilden Feigenbäume sind einhäusig. Auf ihnen entstehen zunächst im Herbst an den oberen Ästen kleine Feigen, die in ihrem Innern nur *Gallenblüten* (Abb. 49 *B*) enthalten. In diese *kurzgriffeligen weiblichen Blüten* legen die weiblichen Gall-

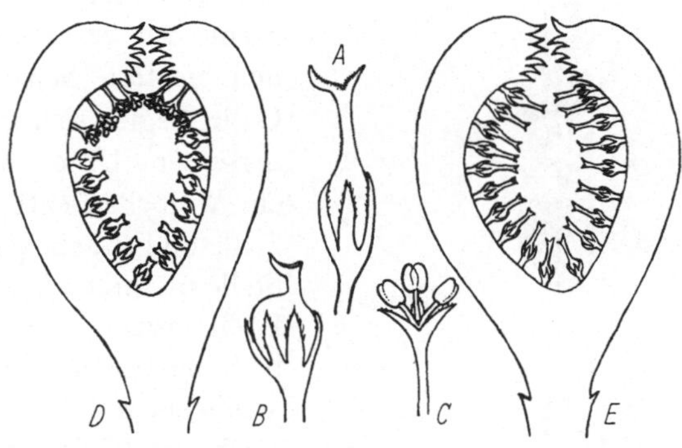

Abb. 49. *Die Blütenverhältnisse der Feigenbäume. A* fruchtbare langgriffelige weibliche Blüte (Samenblüte), *B* kurzgriffelige weibliche Blüte (Gallenblüte), *C* männliche Blüte, alles 7mal vergr. — *D* Holzfeige in Blüte, der Länge nach durchschnitten, mit männlichen Blüten und Gallenblüten (schematische Darstellung); *E* Eßfeige (Darstellung wie *D*), nur fruchtbare weibliche Blüten enthaltend

wespen durch den Griffelkanal ihre bereits befruchteten Eier, die dann im Fruchtknoten allmählich zu geschlechtsreifen weiblichen und männlichen Tieren (Abb. 50) werden, während die Blüten sich in *Gallen* umwandeln. In solchen Gallen überwintern die Gallwespenlarven, die sodann im ersten Frühjahr ihre Entwicklung vollenden. Die Italiener nennen diese ungenießbaren Feigen *mamme*, was soviel wie „Mutterfeigen" bedeutet. Im Frühjahr bilden sich auf denselben Bäumen andere im reifen Zustand etwas größere Feigen, die in ihrem Innern am Grund und seitwärts ebenfalls zahlreiche Gallenblüten, aber um den Eingang herum einen Kranz von *männlichen Blüten* hervorbringen (Abb. 49 *B, C, D*). Mann nennt sie in Italien *profichi*, was man mit „Vorfeigen" übersetzen kann. Durch die Öffnung dieser Vorfeigen begeben sich die noch aus den Mutterfeigen (mamme) stammenden und dort begatteten geflügelten Weibchen der Gallwespen in die Urne, legen ihre befruchteten Eier in die Gallenblüten und gehen bald darauf zugrunde. In den Monaten Juni bis Juli werden diese für den Menschen ebenfalls ungenießbaren Feigen („Holzfeigen") reif, während in ihren Gallenblüten die neue Generation von weiblichen und männlichen Gallwespen den Entwicklungsgang beendet. Das fertige flügellose Männchen zernagt schließlich die feste Schale seiner Galle, begibt sich innerhalb derselben Urne zu einer ein Weibchen enthaltenden Galle und nagt an passender Stelle aus ihrer Wandung ein Loch heraus. Noch innerhalb der Gallen werden die Weibchen durch ein solches Loch der Gallenwand von den vor der Galle verbleibenden flügellosen Männchen begattet. Dann verlassen diese Weibchen ihre Gallen durch das von ihnen erweiterte Loch und wenden sich nun der Urnenöffnung

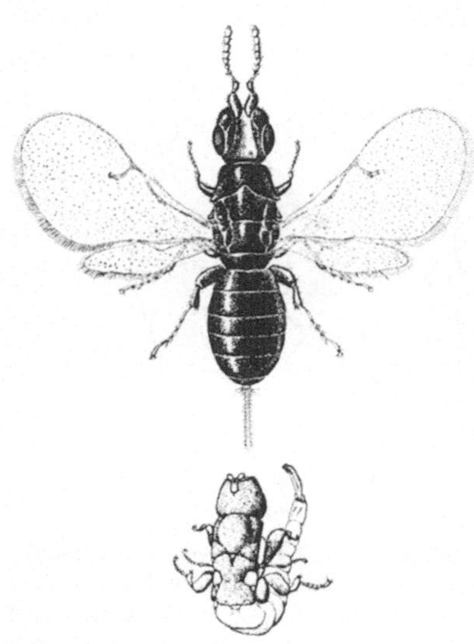

Abb. 50. *Feigen-Gallwespen*. Oben: geflügeltes Weibchen mit Legestachel. Unten: flügelloses Männchen mit abgebogenem Hinterleib und vorgestrecktem Begattungsorgan (12,5 mal, nach CONDIT)

zu. Während sie über die gerade aufgeblühten männlichen Blüten hinwegsteigen, übernehmen sie mit ihrer Körperoberfläche große Mengen von Pollen, begeben sich durch die Öffnung der Urne hinaus und wandern oder fliegen pollenbedeckt weiter, bis sie auf demselben Baum oder auf einem andern die unterdessen gebildeten *jungen Eßfeigen* (*fichi*, Abb. 49 *E*) treffen, die nur *fruchtbare, mit langen Griffeln ausgestattete weibliche Blüten*, aber in großer Zahl enthalten (Abb. 49 *A*). Die Gallwespen lassen sich auf diesen Feigen nieder und dringen durch deren Öffnung ins Innere vor. Während sie hier immer wieder versuchen, ihre Eier in die dafür ungeeigneten langgriffeligen, fruchtbaren Blüten abzulegen, bestäuben sie deren Narben durch den mitgebrachten Pollen. Schließlich verlassen sie pollenlos oder mit den Resten des mitgebrachten Pollens die Urnen, um die gleiche Tätigkeit allenfalls in einer anderen Feige desselben Ausbildungszustandes fortzusetzen. Diese Arbeit der Gallwespen ist hier eine so gründliche und der mitgebrachte Pollen meist so reichlich, daß ein einziges Weibchen imstande sein kann, alle die zahlreichen weiblichen Blüten einer jungen Eßfeige zu bestäuben. Dann werden mit Hilfe der inzwischen entstandenen Pollenschläuche die Eizellen befruchtet und die heranwachsenden Feigen (fichi) verschließen ihre Urnenöffnungen mit den sie begrenzenden Schuppenblättern. Die Samen reifen heran, während sich der Körper der Urne nach und nach bis zum Herbst in eine fleischige süße Feige verwandelt, die als „Waldfeige" von den dortigen Bauern gern gegessen wird. Zu derselben Zeit haben sich wieder in den oberen Zweigen des wilden Feigenbaumes zahlreiche junge Mutterfeigen (mamme) gebildet. In die kurzgriffeligen Blüten dieser Feigen legen nun dieselben Gallwespen, die trotz ihren Bemühungen nicht imstande gewesen sind, ihre Eier in den langgriffeligen Blüten der jungen Eßfeigen unterzubringen, nach und nach die Eier ab. Die Blüten entwickeln sich zu Gallen und in ihnen wachsen neue weibliche und männliche Gallwespen heran, die im nächsten Jahr die Lebensgemeinschaft Feigenbaum-Gallwespe in der gleichen Weise fortsetzen. Dieser sich immer wiederholende Zyklus ist durch die schematische Darstellung der Abb. 51 anschaulich gemacht worden.

Bei den oben geschilderten Vorgängen entstehen also in den Wildfeigen *keimfähige Samen*. Wenn der Mensch nicht in den Ablauf der Ereignisse eingreift, werden die eßbaren Feigen von Vögeln und anderen Tieren verzehrt, mit deren Exkrementen die Samen an den verschiedensten Orten ausgestreut werden können. Dadurch wird es verständlich, daß man wilde Feigenbäume in ihrer heutigen Heimat oft an für den Menschen unzugänglichen Spalten von Mauern und Felsen hervorkommen sieht.

Die Kulturfeigenbäume. Von solchen Wildformen hat der Mensch wahrscheinlich schon vor einigen tausend Jahren irgendwo in Vorderasien die Äste, an denen die eßbaren Feigen gebildet werden, so lange als Stecklinge verwendet, bis es ihm zufällig gelang, mehr oder weniger *rein weibliche Bäume* zu erhalten, die mehrmals im Jahr eßbare Feigen hervorbringen können. Daneben ist aber durch fortgesetzte Stecklingskultur auch eine *in ihrer Funktion männliche Form der Feigenbäume* entstanden, die zwar nur ungenießbare, im Bau den Vorfeigen entsprechende Gallenfeigen hervorbringt, aber als Brutstätte der Gallwespen

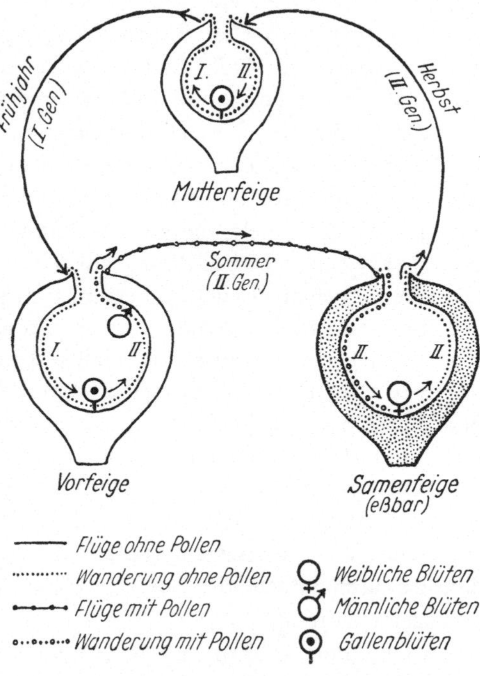

Abb. 51. *Wildfeige (Urfeige)*. Lebenszyklus der *Feigengallwespe* und Bestäubung. I und II bedeuten die beiden aufeinanderfolgenden Generationen der Gallwespe

und als Quelle des Blütenstaubes für die Kultur bestimmter Feigensorten unentbehrlich geworden ist. Man hat solche männliche Bäume wegen der Ungenießbarkeit ihrer Früchte im römischen Altertum zwar verächtlich als *caprificus (Bocksfeigenbaum)* bezeichnet, aber man hat sie schon damals in der Nähe der weiblichen Bäume angepflanzt, um so die bereits bekannte Tätigkeit der Gallwespen zu erleichtern und den Ertrag an eßbaren Feigen zu steigern. Man hängte sogar schon in jener Zeit abgeschnittene Äste mit reifen Gallenfeigen oder auch solche Feigen allein an Schnüren aufgereiht mit demselben Erfolg an die Äste der Eßfeigenbäume. Auch hat man zur Sicherung der Bestäubung Äste des caprificus auf Eßfeigenbäume aufgepfropft. Diese planmäßige Verwendung der Gallenfeigen für die Feigenkultur wurde schon früh als *Kaprifikation* bezeichnet.

Die soeben beschriebene Art der Feigenkultur kam über Kleinasien nach Griechenland und von dort nach Italien. Mittlerweile sind aber auch Feigenbäume entstanden, die ohne Mitwirkung der Gallwespe und ohne Befruchtung hochwertige eßbare Feigen (Tafelfeigen) hervorbringen. Solche Feigen enthalten keine Samen und sie sind zur Herstellung haltbarer getrockneter Feigen nicht geeignet. Samenlose Feigen kann man natürlich nur durch Stecklinge vermehren, wie es auch bei verschiedenen anderen „kernlosen" Obstsorten geschehen muß. Die wertvollsten Feigensorten, besonders die, von denen die

Abb. 52. Zweigende eines kalifornischen *Kulturfeigenbaumes*. Unten: drei reife „Mutterfeigen", aus denen die Gallwespen hervorgekommen sind, die man auf der Oberfläche einiger Feigen in Profilstellung sieht; die Gallwespen dringen in die am oberen Zweigende befindlichen (kleineren) „Vorfeigen" ein und legen in deren Gallenblüten ihre Eier ab (Ann. $^2/_3$ d. nat. Gr., n. CONDIT)

besten getrockneten Exportfeigen stammen, bedürfen aber auch weiterhin der Kaprifikation und der darauffolgenden Befruchtung der weiblichen Blüten. Das zeigte sich besonders bei den bekannten *Smyrna-Feigen*, als man ihre Kultur in *Kalifornien* versuchte. Die dorthin verpflanzten weiblichen Bäume blieben zunächst jahrelang unfruchtbar. Sie haben erst dann den erhofften guten Ertrag gegeben, als man die dazugehörigen Bocksfeigenbäume (caprifichi) samt den Gallwespen hinüberbrachte und dort einbürgerte (Abb. 52).

Die Bienen oder Immen (Apidae). Ihr Körperbau und ihre Leistung als Bestäuber. Die *Bienen* (im weiteren Sinne) oder *Immen* (Apidae) besitzen als wichtigste Gruppe der blütenbesuchenden Hautflügler eine so *große Mannigfaltigkeit ihrer Formen*, daß von ihnen mehr als 15000 Arten beschrieben worden sind. Bei der vergleichenden Betrachtung der hierher gehörigen Tiere finden wir alle Übergänge zwischen Bienen mit wenig spezialisierten Körperteilen und Lebensgewohnheiten bis zu solchen, deren *Spezialisierung* hinsichtlich Körperbau und Verhalten gerade im Zusammenhang mit dem Blütenbesuch das höchste Ausmaß erreicht hat. Diese erstreckt sich aber nicht immer in gleicher Weise auf alle zu einer Art gehörenden Individuen, da bei den staatenbildenden Formen die Spezialisierung auch innerhalb des Tierstaates auf einzelne Mitglieder in verschiedener aber gesetzmäßiger Weise verteilt zu sein pflegt. Besonders die Sinneseinrichtungen und die dadurch bedingten Lebensgewohnheiten hängen ebenso eng mit dem Blütenbesuch zusammen wie die sozialen Instinkte, die den Staat als solchen zusammenhalten und die Tätigkeit der einzelnen Mitglieder regeln. Dadurch wird vielfach ein *hoher Grad von Oekonomie des Bienenhaushaltes* bewirkt, der sich im Blütenbesuch und damit auch bei der Bestäubung besonders geltend macht.

Gleich den Schmetterlingen mit vier Flügeln ausgestattet, besitzen die Bienen ein gutes *Flugvermögen*, das ihnen eine rasche und wohlgezielte Annäherung an die Blüten ermöglicht. Die Bewegung der Flügel kann bei manchen Formen eine so große Schnelligkeit erreichen, daß ein richtiger *Schwirrflug* zustande kommt, der dem Flug der Schwebfliegen, Wollschweber und Schwärmer entspricht. Einen solchen zeigen die einzeln lebenden Individuen der südamerikanischen Bienengattung *Euglossa* (Abb. 53). Sie können geradeso wie z. B. der Taubenschwanz frei in der Luft schwebend vor der Blüte innehalten und diese betrachten, bevor sie sich an ihr betätigen. Sie haben auch einen weit schnelleren Flug von Blüte zu Blüte als andere Bienen, ebenso wie sich darin auch die Schwärmer von den langsamer fliegenden Tagfaltern unterscheiden. Die *Beine*, mit deren Hilfe sich die meisten Hautflügler in der Blüte bewegen, sind mit *Krallen* ausgestattet, mit denen sie sich an rauhen Flächen, an Vorsprüngen und in Fugen von Blütenteilen festhalten können. Zwischen den beiden Krallen eines jeden Beinendes kann ein sackförmiger, klebriger Hautlappen vorgestreckt werden, der als *Haftscheibe* das Festhalten der Beine auch an glatten steilen Flächen ermöglicht. Die Größenverhältnisse der einzelnen Abschnitte, aus denen sich das Bienenbein zusammensetzt und die an ihnen vorhandene *Behaarung* spielen bei den Betätigungen der verschiedenen Bienenarten eine wichtige und oft recht verschiedene Rolle.

Am *Kopf* der Biene steht rechts und links wie bei den Schmetterlingen ein großes *Facettenauge* (Abb. 59, S. 118), das die optische Orientierung ermöglicht und auch verschiedene Einzelheiten in der Nähe der Blüte zu sehen und zu unterscheiden vermag. Auch das Farbensehen dieser Tiere ist an die Facettenaugen gebunden. Neben den beiden großen Augen stehen am Kopf der Bienen auch noch drei kleine *Punktaugen*, die ebenfalls Lichteindrücke wiedergeben, deren Bedeutung für das Leben der Bienen aber noch nicht ausreichend geklärt ist. Diese Tiere besitzen überdies auch ein gut

Abb. 53. Eine *langrüsselige Blumenbiene (Euglossa dimidiata)* aus dem tropischen Südamerika (Nat. Gr., nach HESSE u. DOFLEIN)

entwickeltes *Geruchsvermögen*, dessen Sinneseinrichtungen an den kurzen Quergliedern der beiden *Fühler* liegen, zugleich mit zahlreichen *Tasthärchen*, wodurch der Bienenfühler zu einem *Riechtaster* wird. Mit seiner Hilfe kann das Tier sowohl in dem beim Flug vorüberziehenden Luftstrom als auch in der Blüte selbst durch Abtasten die von einem Blütenorgan abgegebenen Duftstoffe wahrnehmen. Die an den Fühlern und auch an anderen Körperstellen vorhandenen *Tasthärchen* wirken nicht nur bei der räumlichen Nahorientierung in der Blüte mit, sondern zeigen auch das Vorhandensein von Pollen an der Körperoberfläche des Tieres an, so daß dieses dann bestimmte Bewegungen ausführt, die als besonders spezialisierte *Putzbewegungen* die Voraussetzung für das

Einsammeln und Einlagern des Blütenstaubes bilden. Der *Geschmackswahrnehmung* dienen vor allem verschiedene *Sinneszellen* des Saugrüssels und anderer Teile der Mundregion. Mit ihrer Hilfe wird der Zucker im Nektar als solcher erkannt und es werden dabei auch Bewegungen ausgelöst, die der Übernahme des Nektars dienen. Auch die Fühlerenden sind mit Sinnesorganen versehen, die das Ausstrecken des Rüssels veranlassen können, wenn sie bei Suchbewegungen vom Nektar benetzt werden. Geschmacksorgane an den Fersen (Tarsen) der Beine, wie sie bei Schmetterlingen und Fliegen nachgewiesen wurden, sind auch bei den Bienen vorhanden.

Von den äußeren Organen ist der *Saugrüssel* eines der wichtigsten für den Blütenbesuch. Er ist bei den verschiedenen Bienengattungen sehr verschieden ausgebildet, sowohl hinsichtlich der einzelnen Teile als auch seiner Gesamtlänge im vorgestreckten Zustand. Wir werden bei der Besprechung der blütenbesuchenden Bienenfamilien noch Näheres darüber erfahren. Kapillaritätsvorgänge und Pumpbewegungen befördern den mit der Rüsselspitze übernommenen Nektar zu der an der Kopfunterseite gelegenen Mundöffnung. Von hier gelangt er ebenso wie der verschluckte Pollen durch den Schlund und eine Art Speiseröhre in den *Honigmagen*, der gegen den daran anschließenden Darm mit einem muskulösen Ventil abgeschlossen ist (Abb. 54). Dadurch wird es ermöglicht, daß aus dem als Sammelbehälter dienenden Magen der gesamte Inhalt nach Bedarf wieder ausgespien werden kann, wenn es die Futterabgabe im Nest oder das Anfeuchten des mit den Beinen übernommenen Blütenstaubes erfordert. Die für die eigene Ernährung notwendige kleine Menge von Pollen und Nektar wird von Zeit zu Zeit durch Lockerung des Ventilverschlusses in den Darm hinübergelassen. Die unmittelbar über dem Saugrüssel angebrachten kräftigen *Oberkiefer* werden von den Bienen in bestimmten Fällen beim Blütenbesuch *als Zangen* zum Anfassen oder zum Zerbeißen von Blütenteilen verwendet.

Nektarsammeln und Bestäubungserfolg. Das Ausmaß, in dem verschiedene Bienenarten den Nektar einsammeln und aufspeichern, wirkt sich auch im Erfolg der Bestäubung aus. Je zahlreicher und je eingehender die der Nektarentnahme dienenden Blütenbesuche sind, desto besser ist es für die dabei in den Blüten erfolgende Übergabe und Übernahme des Pollens. Die *größte Leistung* erbringen in dieser Hinsicht die *Honigbienen*, da sie den Nektar nicht nur zur andauernden Ernährung der ihn sammelnden Tiere und als Larvenfutter, sondern auch darüber hinaus zur Ernährung des ganzen Bienenvolkes während der Wintermonate verwenden. Dadurch entfallen während der Blütezeit der nektarspendenden Pflanzen weit mehr Blütenbesuche auf das einzelne Bienen-Individuum als etwa bei den *Hummeln*. Die Hummelvölker sterben mit Ausnahme der begatteten Königinnen im Herbst ab.

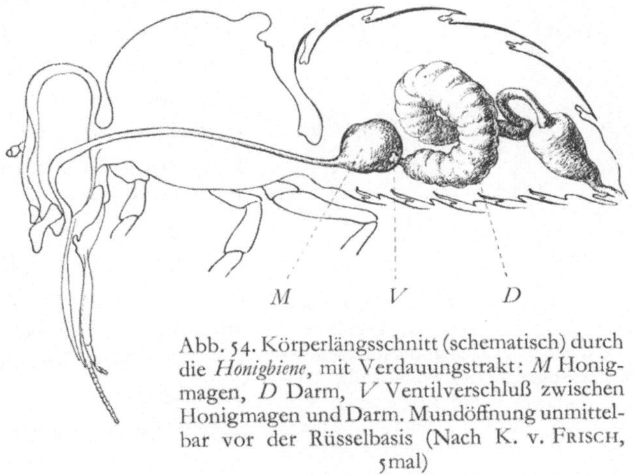

Abb. 54. Körperlängsschnitt (schematisch) durch die *Honigbiene*, mit Verdauungstrakt: *M* Honigmagen, *D* Darm, *V* Ventilverschluß zwischen Honigmagen und Darm. Mundöffnung unmittelbar vor der Rüsselbasis (Nach K. v. Frisch, 5mal)

Diese schlafen über den Winter und bauen dann im Frühjahr ihre Völker wieder neu auf. Zunächst sammelt die alleinstehende Hummelkönigin für sich und die heranwachsende Brut Nektar und Pollen, bis sie schließlich in dieser Tätigkeit von der neuen Generation abgelöst wird. Bei den zahlreichen *einzeln lebenden Immenarten*, die nur im Larvenzustand überwintern, ist die Zeit und der Erfolg des Nektarsammelns noch geringer, aber trotzdem bedeutungsvoll für die Bestäubung der Blüten.

Die Maskenbienen als Urbienen. Unter den verschiedenen Bienengattungen sind die *Maskenbienen* (Prosopis-Arten, Abb. 55 a) in ihrem Körperbau und auch in ihrem Benehmen beim Blütenbesuch *die ursprünglichsten*, weshalb man sie auch als Urbienen bezeichnet hat. Der Name Maskenbienen rührt von auffallenden hellgelben oder weißen Flecken her, die sich besonders bei den Männchen an der vorderen Kopfseite befinden und dadurch dem Gesicht ein maskenähnliches Aussehen verleihen. Diese kleinen Bienen (Körperlänge 4—10 mm) findet man häufig in Blüten mit leicht zugänglichem Pollen und Nektar, z. B. an verschiedenen Umbelliferen und Kompositen, in den Blüten der Brombeeren und anderer Rosazeen sowie besonders der Reseda-Arten. Sie ernähren sich nur von Nektar und von Blütenstaub. Die Orientierung erfolgt *optisch* und durch den *Duft*. Die Weibchen sammeln überdies noch Pollen und Nektar für die Ernährung der sich in den Larvenwohnungen (Nestern) entwickelnden Jungen, indem sie die Blütenprodukte verschlucken und zunächst für die Beförderung ins Nest im Magen zurückhalten.

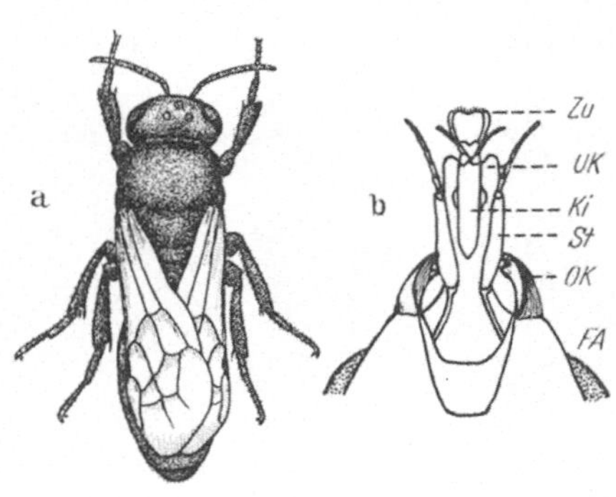

Abb. 55. a eine weibliche *Maskenbiene* (6,4mal, Orig.); b deren kurze Saugeinrichtung, zwischen den auseinanderspreizenden Oberkieferzangen *(OK)* vollständig vorgestreckt, Ansicht von der Unterseite. *FA* Facettenauge; *OK* Oberkiefer; *UK* Unterkieferlade, *St* Stamm des Unterkiefers, mit Taster; *Ki* Kinn, Basis der Unterlippe, samt Unterlippentaster, mit der Zunge *(Zu)* abschließend (Ann. 22mal, nach H. Müller)

Die Maskenbienen besitzen neben ihren *Beißzangen* (Oberkiefern, *OK* der Abb. 55 b) bereits einen sehr kurzen, nur etwa 1 mm langen *Rüssel*, der ihnen die Aufnahme von Nektar bei nicht sehr tiefer Nektarbergung ermöglicht. Der Rüssel besteht hier schon aus jenen Teilen, die auch das Saugorgan der höher organisierten Hautflügler zusammensetzen. Er ist im Ruhezustand auf der Unterseite des Kopfes hinter den beiden Oberkieferzangen in einer breiten Rinne eingebettet. Wird der Rüssel vorgestreckt, dann geschieht dies durch Vorschieben der untereinander durch eine dünne bewegliche Haut verbundenen Chitinteile der beiden Unterkiefer *(UK)* und des Kinns *(Ki)*. Die an die Unterlippentaster anschließende kurze, breite und stark behaarte Zunge *(Zu)*, die mit dem Kinn und einem Paar von Tastern die Unterlippe (labium) bildet, kann dadurch nur etwa 1 mm weit vorgestreckt werden. Die beiden Unterkiefer-Laden bilden hier aber noch nicht das als Saugrohr dienende Zungenfutteral, das bei den langrüsseligen Immen so wichtig für den Saugvorgang ist. Nach der Übernahme des Nektars wird das Kinn zugleich mit den seitlich daran anschließenden Teilen und der Zunge wieder in die Ruhelage unterhalb des Kopfes zurückgezogen.

Die größeren Bienenformen sind mit mehr oder weniger hoch spezialisierten Einrichtungen versehen, die es ihnen ermöglichen, den für die Brutpflege zu sammelnden Blütenstaub an ihrer Körperoberfläche zu übernehmen, festzuhalten und ins Nest zu befördern. Bei der Maskenbiene ist es dagegen nur bei den Anfängen geblieben. Die *Behaarung des Körpers* ist bei dieser Bienengattung (Abb. 55 a) kurz und fast anliegend und auch die stärker behaarten Hinterbeine haben noch nicht jene besondere Ausbildung erlangt, die sie zum Transport größerer Pollenmengen befähigt. Dementsprechend kann der Blütenstaub für die Versorgung der Nestzellen der Maskenbienen nur verschluckt und gemeinsam mit dem Nektar im *Magen* befördert werden. Während also andere Bienen in den Nestern den mitgebrachten Pollen von ihrer Körperoberfläche abbürsten oder als Klumpen von den Schienen abladen, muß demnach die Maskenbiene den im Magen mitgebrachten Pollen zusammen mit dem Nektar am Boden der Larvenzelle wieder ausspeien.

Übernahme und Beförderung des Pollens durch Bienen verschiedener Gattungen. Die Pollenkörner der meisten tierblütigen Pflanzen können sich mit Hilfe des Pollenkittes einzeln oder in kleinen Gruppen an der Chitinoberfläche des Insektenkörpers beweglich festkleben, wenn das Tier an pollenhaltige Teile der Blüte anstreift. Es ist daher zu erwarten, daß durch eine *reichere und längere Behaarung* und die dabei erzielte beträchtliche *Vermehrung der Körperoberfläche* einer Bienenart auch deren Fähigkeit zur Übernahme und Beförderung des Pollens entsprechend gesteigert wird. Die dafür in Betracht kommenden Körperteile der Bienen können sich in dieser Hinsicht recht verschieden verhalten, wobei die *Hinterbeine* und die Körperunterseite oft besonders bevorzugt erscheinen.

Die stärkste Verlängerung und Vermehrung der Behaarung zeigen die Hinterbeine bei den *Hosenbienen* (Dasypoda-Arten, Abb.

56 a), die davon den deutschen Namen erhalten haben. Da die Sammeltätigkeit solcher Tiere vor allem mit Hilfe der Schienen vor sich geht, hat man sie als *Schienensammler* bezeichnet. Zu ihnen gehören neben der Hosenbiene u. a. auch die Arbeiterinnen unserer Honigbiene und die Weibchen der verschiedenen Hummelarten, wobei sich aber hinsichtlich der Gestalt der Beinabschnitte und ihrer Behaarung und damit auch ihrer Verwendung und Leistung bei den einzelnen Arten weitgehende Verschiedenheiten zeigen können.

Die vorübergehende *Speicherung des Pollens im Haarkleid* solcher Bienen findet vielfach rein passiv statt, indem sich die Pollenmassen beim Aufenthalt der Tiere in der Blüte in immer größerer Menge an und zwischen den Haaren festkleben und dadurch ansammeln. Doch sehen wir bei verschiedenen Bienenarten besondere Bewegungen, die diesen Vorgang verbessern und beschleunigen. So pflegen sich z. B. die Weibchen der Trugbienen (Panurgus-Arten) auf den von ihnen besuchten Blütenköpfchen der Korbblütler oft auf die Seite zu legen und sich förmlich zwischen den Einzelblüten zu wälzen, bis ihr behaarter Körper über und über mit Pollen bedeckt ist, wobei sich der Blütenstaub ganz besonders an den Hinterbeinen ansammelt. In diesem Zustande fliegen sie dann in ihre Nester, wo sie sich den Blütenstaub wieder von ihrem Körper herunterputzen. Andere Bienenarten pflegen schon während des Aufenthaltes in der Blüte oder auch nachher im Fluge den an ihrem Körper haftenden Pollen mit den Vorder- und Mittelbeinen nach den Hinterbeinen zu befördern, an deren Haarkleid er sich dann oft in großen Mengen ansammelt.

Während bei den *Hosenbienen* die Hinterschienen und das erste Fersenglied annähernd gleichmäßig mit langen Haaren dicht

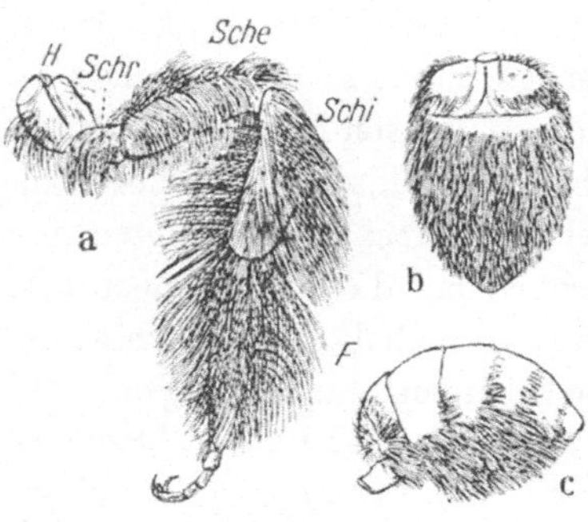

Abb. 56. Starke Behaarung bei *pollensammelnden Hautflüglern:* a Hinterbein einer *Hosenbiene* (*H* Hüfte, *Schr* Schenkelring, *Sche* Schenkel, *Schi* Schiene, *F* oberstes Fersenglied); b Hinterleib einer *Mauerbiene* von der Bauchfläche, c von der Seite gesehen (Nach H. MÜLLER, 5mal)

besetzt sind, so daß *die pollengefüllten „Höschen"* das Gehen dieser Tiere beträchtlich erschweren, finden wir beim unfruchtbaren Weibchen, der „Arbeiterin" der *Honigbiene*, die unter allen Hautflüglern den am besten eingerichteten *Pollensammelapparat* besitzt, die Außenseite der verbreiterten Hinterschiene in der Mitte glatt, haarlos und schwach grubig vertieft, dagegen am Rande mit langen steifen und etwas einwärts gebogenen Borsten besetzt (Abb. 57).

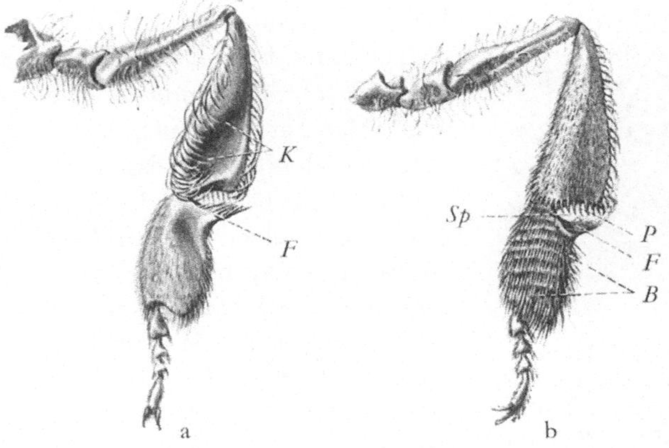

Abb. 57. Hinterbein einer *Arbeiterin der Honigbienen:* a von außen gesehen, b von innen. Das erste Fersenglied ist stark vergrößert und trägt an seiner Innenseite das *Bürstchen (B)*. Aus dem Bürstchen wird der Blütenstaub mit dem *Pollenkamm (P)* des anderen Hinterbeins herausgekämmt. Ein Druck des *Fersenspornes (F)* drückt den Pollen aus dem Kamm durch die Spalte *(Sp)* auf die Außenseite des Unterschenkels in das *Körbchen (K)*, in welchem der Blütenstaub als „Höschen" heimgetragen wird (7mal, n. K. v. FRISCH)

Diese von den Borsten wie mit einem Zaun umgebene Stelle der Hinterschiene *(K)* pflegt man als *Körbchen* zu bezeichnen. Die dem Körper zugekehrte Innenseite der Schiene ist hier jedoch nur mit sehr kurzen, anliegenden Haaren besetzt und daher glatt, so daß auch bei der pollenbeladenen Honigbiene das Gehen in keiner Weise behindert ist. Im Gegensatz zur Behaarung der Schienen ist das an sie unmittelbar angrenzende oberste Fersenglied (Metatarsus) gerade an seiner Innenseite wie eine *Bürste* reihenweise mit kräftigen, etwas abstehenden geraden Borsten versehen, während es an der Außenseite eine lockere, weiche Behaarung besitzt. Durch eine sehr geschickte Ausnützung aller dieser Teile und ihrer Behaarung mit Hilfe von bestimmten Beinbewegungen — worüber man in dem Bienenbuch dieser Buchreihe nachlesen kann — sammelt die Honigbiene bei den Blütenbesuchen schließlich so große Mengen von Blütenstaub in ihren beiden Körbchen an, daß sie oft mit sehr dicken Höschen in den Bienenstock zurückfliegt (Abb. 58). Hier werden diese Pollenhöschen dann in eine Wabenzelle abgestreift und mit den anderen Pollenvorräten für die Aufzucht der Brut gespeichert. Die Pollenhöschen sind durchschnittlich etwa 3,5 mm lang und 2 mm breit. Die *Zahl der Pollenkörner, die ein solches Höschen zusammensetzen*, ist sehr groß. Man hat berechnet, daß für ein Höschen der Honigbiene, das die oben angegebene Größe besitzt und z. B. nur aus dem Blütenstaub einer *Flockenblumenart* (Centaurea scabiosa) besteht, 125 000 solcher Pollenkörner erforderlich sind. Diese Pollenkörner sind, wenn sie einmal in dem Höschen vereinigt wurden, für die Bestäubung verloren. Doch erfordert das Zustandebringen einer so großen Pollenmasse einen langdauernden und bewegungsreichen Aufenthalt der Biene in den Blütenköpfchen, wodurch die Bestäubung zahlreicher Einzelblüten mit dem an den verschiedenen Körperstellen des Tieres haftenden Pollen ermöglicht und sichergestellt wird.

Abb. 58. Pollensammelnde *Honigbiene (Arbeiterin)*, mit „Höschen" an den Hinterbeinen (2mal, Photo Leuenberger, nach K. v. Frisch)

Etwas weniger leistungsfähig für den Bestäubungserfolg sind die *Hummeln* (Arten der Gattung Bombus). Sie leben in kleinen Staaten beisammen und die Weibchen bedienen sich beim Pollensammeln als hochentwickelte Schienensammler derselben Methode wie die Honigbiene. Auch von diesen Hummeln wird der Pollen in den Körbchen in der Form von dichten Höschen ins Nest getragen.

Wie ist es nun möglich, daß der von den Honigbienen und Hummeln gesammelte Pollen in so großen Massen und so fest an den glatten Bodenflächen der Körbchen haftet, daß er beim Gehen in den Blüten und im Bienenstock oder Hummelnest und auch während des Fluges nicht abfällt? Dies ist nur dadurch möglich, daß die Tiere schon beim Einsammeln in den Blüten den

Pollen mit etwas Nektar, den sie aus den Honigmagen erbrochen haben, zu benetzen und in feuchtem und dadurch besonders klebrigem Zustande in den Körbchen unterzubringen pflegen. Während des Fluges von Blüte zu Blüte werden dann die Körbchen immer weiter mit dem von verschiedenen Körperstellen abgebürsteten Blütenstaub aufgefüllt, bis schließlich der ganze Körbcheninhalt eine dichte, etwas feuchte teigähnliche Masse bildet, die sich mit den Haaren der Körbcheneinfassung fest verbindet. Außer den *Honigbienen* und den *Hummeln* pflegen bei uns nur noch die wenig auffallenden kleinen *Schenkelbienen* (Macropis-Arten) den Pollen in dieser Weise *anzufeuchten*, was die *höchste Stufe in der Entwicklung des Pollensammelns* darstellt.

Eine ganz andere Art der Aufbringung des Blütenstaubes zeigen jene Bienen, die den Pollen in der *dichten Behaarung der Unterseite des Hinterleibes (Bauches)* aufsammeln und in ihre Nester befördern. Man hat sie wegen dieser Eigenart als *Bauchsammler* bezeichnet. Sie besitzen an ihren Beinen oft keine auffallendere Behaarung. Dagegen sind bei ihnen die Haare an der Bauchunterseite als die längsten des ganzen Körpers steif und gleichmäßig nach hinten gerichtet. Die so ausgestatteten Bienen, z. B. die *Mauerbienen* (Osmia-Arten, Abb. 56b und c) und die *Blattschneiderbienen* (Megachile-Arten), sind imstande, mit Hilfe dieser Behaarung in den Blüten durch wiederholte Rückwärtsbewegung des Körpers den Blütenstaub aus den Antheren herauszubürsten und ihn dann nach ihrem Nest zu tragen, wenn die Zwischenräume zwischen den Haaren dieser Bauchbürste dicht mit Pollenkörnern ausgefüllt sind. Schließlich sei noch erwähnt, daß es auch Bienenarten gibt, die mehr oder weniger *Bein- und Bauchsammler zugleich* sind. Alle diese mit Pollen bedeckten Bienen vermögen während ihres Aufenthaltes in den Blüten und Blütenständen mit offen liegendem Pollen und Nektar durch ihre Bewegungen auch die Bestäubung der Narben durchzuführen.

Rüssellänge und Nektarentnahme aus Blüten. Wir haben bei der Besprechung der *Maskenbienen* (S. 112) bereits auf die einfachste Form des Bienenrüssels hingewiesen. Er ist nicht über 1 mm lang und nur wenig leistungsfähig, reicht aber für die Bedürfnisse und die Ernährungsmöglichkeiten dieser Bienengattung vollständig aus. Im Gegensatz zu solchen kurzrüsseligen Bienen zeigen unter den europäischen blütenbesuchenden Hautflüglern bestimmte Arten von *Hummeln* die längsten Rüssel, wodurch sie ganz besonders zur Ausbeutung sehr tief geborgenen Nektars geeignet sind. Die *Honigbienen* besitzen jedoch nur mittellange Saugrüssel, die sich mit einer Länge von 6—7 mm beim Blütenbesuch trotzdem sehr bewähren (Abb. 59). Die Rüssellänge der am besten ausgestatteten Hummelart, unserer *Gartenhummel* (Bombus hortorum), beträgt das Dreifache der Länge des Rüssels der Honigbiene. Sie kann bei der Königin der Gartenhummel im ausgestreckten Zustand 21 mm erreichen. Bei der Schmarotzerhummel Psithyrus rupestris beträgt die Rüssellänge dagegen nur 11—14 mm (Abb. 60). Nach dem Saugen wird der Rüssel von allen diesen Tieren eingezogen, wie ein Taschenmesser zusammengeklappt und nach hinten umgelegt an der Kopfunterseite getragen. Bei den Hummeln betätigen sich auch die Männchen als Blütenbesucher, indem sie zur eigenen Ernährung Nektar saugen, aber keinen Pollen einsammeln. Da die Hummelmännchen erst im Sommer aufzutreten pflegen, ist die Zeit ihres Blütenbesuches nur kurz. Aus all dem ergibt sich, daß die Hummelmännchen trotz guter körper-

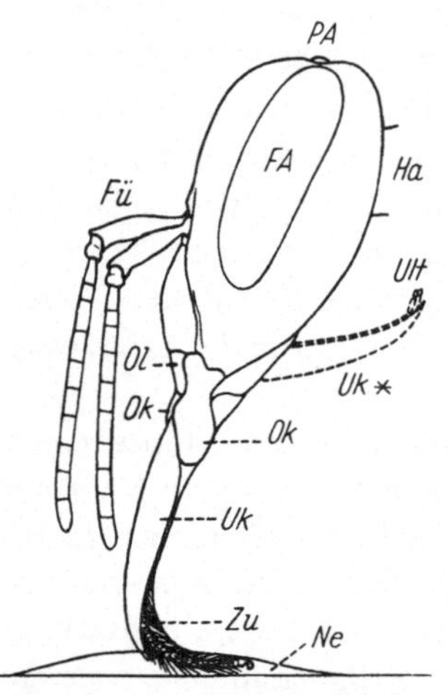

Abb. 59. Vereinfachte Darstellung des Kopfes einer saugenden *Honigbiene* (8mal). Die Behaarung ist mit Ausnahme der Zungenhaare weggelassen, um die einzelnen Teile des Kopfes besser sichtbar zu machen. *FA* linkes Facettenauge; von den 3 Punktaugen *(PA)* ist nur eines sichtbar. *Ha* Hals, *Fü* Fühler; *Ol* Oberlippe, *Ok* Oberkiefer, *Uk* Unterkieferlade, *Ult* Unterlippentaster; *Zu* Zunge, zwischen deren Haaren die Flüssigkeit kapillar aufsteigt; *Ne* Nektartropfen. Gestrichelt: Rüssel in Ruhestellung unter den Kopf eingezogen, aber nicht ganz zurückgeschlagen, Zunge von den Unterkieferladen *(Uk*)* eingeschlossen, nur die Unterlippentaster etwas herausragend

licher Ausstattung weit weniger wertvoll für die Bestäubung der Blüten sind als die artgleichen Hummelweibchen. Ähnliches gilt auch für die Männchen anderer blütenbesuchender Bienenarten. Die Männchen der Honigbienen (Drohnen) besuchen jedoch überhaupt keine Blüten. Sie werden vielmehr ihr ganzes Leben hindurch von den Arbeiterinnen im Bienenstock regelrecht gefüttert.

Unter unseren anderen Bienengattungen hat nur die *Pelzbiene* (Anthophora) einen ebenso langen Rüssel wie die langrüsseligen Hummeln, denen sie auch hinsichtlich ihrer starken Körperbehaarung recht nahe kommt. Bei der *Erdhummel* (Bombus terrestris), die einen für ihre Gattung besonders kurzen Rüssel besitzt, beträgt die Länge des ausgestreckten Rüssels dagegen nur 8—11 mm. Bei der *Räuberhummel* (Bombus mastrucatus) ist er (mit 9—13 mm Länge) nur wenig länger. Ist der Rüssel einer Hummel zu kurz, um den tief geborgenen Nektar durch den Eingang der Blüte zu erreichen, so versucht sie, wie bereits bei der Besprechung der Kapuzinerkresse (S. 54) erwähnt wurde, mit Hilfe eines gewaltsamen Einbruches auf einem kürzeren Wege zum Nektar zu gelangen. Durch diesen „*Nektarraub*" wird zwar das Bedürfnis der Hummel nach Nektar gestillt, es

Abb. 60. Eine *Schmarotzerhummel* (*Psithyrus rupestris*), in der Gefangenschaft mit vorgestrecktem Rüssel aus einem Glasschälchen Zuckerwasser saugend (nach H. KUGLER, ann. nat. Gr.)

kommt aber keine Bestäubung zustande. Ein solches Benehmen der Hummeln kann deshalb unter Umständen eine wesentliche Schädigung des Samenertrages der betreffenden Pflanzenart bedeuten.

Sinnesorgane und Sinneswahrnehmungen der Bienen. Das wichtigste Mittel für die Orientierung der Bienen in der mit blühenden Pflanzen besetzten Landschaft bilden die beiden großen *Facettenaugen*, mit deren Hilfe diese Tiere nicht nur hell und dunkel, sondern auch dieselben Farbengruppen von einander unterscheiden können wie die farbentüchtigen Schmetterlinge. Auch die räumlichen Grenzen der im Flugbereich befindlichen Gegenstände werden optisch wahrgenommen und unterschieden, wobei die Lage der beiden Augen am Kopf des Tieres wie bei anderen Fluginsekten auch ein sicheres *Raumsehen* (stereoskopisches Sehen) gestattet, was für die raschfliegenden Bienen von großer Wichtigkeit ist. In der Nähe können auch Duftwirkungen an der räumlichen Wahrnehmung der Körpergrenzen beteiligt sein, wobei die

Fühler als Riechtaster die entscheidende Rolle spielen. Auch der Geschmackssinn dürfte manchmal an solchen Wahrnehmungen beteiligt sein. Die Unterscheidung von „*oben*" und „*unten*", die beim Blütenbesuch oft sehr wichtig sein kann, ist schon aus der durch die Schwerpunktverhältnisse bedingten Körperstellung des anfliegenden Tieres gegeben.

Alle diese Sinneswahrnehmungen der blütenbesuchenden Hautflügler erlangen aber erst dann ihre volle Bedeutung für den Blütenbesuch, wenn mit ihnen eine *Erfahrung* verbunden ist, die bei diesen Tieren wieder eine Art von *Gedächtnis* voraussetzt. Unter der Annahme, daß die Honigbienen für bestimmte Farben ein solches Gedächtnis besitzen dürften, wurden die experimentellen Untersuchungen über ein allfälliges Farbensehen der Honigbiene mit Hilfe der „*Dressurmethode*" begonnen. Zu diesem Zweck hat man, wie in dem erwähnten Bienenbuch geschildert wird, Honigbienen in der Nähe des Bienenstockes auf einem blauen Papier in Glasschälchen mit Honig oder mit Zuckerwasser gefüttert. Nachdem die Fütterung auf Blau entsprechend lang fortgesetzt worden war, suchten die so gefütterten Bienen ihr Futter immer wieder auf einer blauen Unterlage, und sie suchten sogar dann in derselben Weise, wenn ihnen auf dem Blau nur leere Futtergefäße oder auch diese nicht mehr geboten wurden. Die so auf Blau „dressierten" Honigbienen fanden ein blaues Quadrat aus einer schachbrettartigen Anordnung verschiedener grauer Papiere ebenso sicher heraus, wenn die ganze Anordnung zur Ausschaltung einer Duftwirkung mit einer dicht aufliegenden durchsichtigen Glastafel bedeckt war. Durch die mit Hilfe der Dressur bewiesene Möglichkeit einer Bindung an Blau wurde zugleich in bezug auf diese Farbe das *Farbensehen* und das *Gedächtnis* der Bienen nachgewiesen. Bei einem immer weiter gehenden und kritischen Ausbau der Dressurversuche konnte schließlich neben der Möglichkeit der Bindung an die *Blaugruppe* der Farben (die Blau, Violett und Purpur enthält) auch die Möglichkeit einer Bindung an eine *Gelbgruppe* (mit Orange, Gelb und Gelblichgrün) festgestellt werden. Es ergab sich weiter, daß die Honigbienen *für reines Rot farbenblind* sind, nicht aber für Gelblichrot und Pupurrot, worauf schon früher (S. 61) hingewiesen wurde. Versuche mit spektralem, also optisch reinem Licht, bestätigten dieses Verhalten. Darüber hinaus konnte gezeigt werden, daß auch eine Dressur auf reines *Blaugrün* und auf das für den Menschen unsichtbare *ultraviolette Licht* erzielt werden kann. Dabei fand man die zunächst überraschende Tatsache, daß weiße Blüten (abgesehen von ihrer Helligkeit) den Honigbienen meistens als „blaugrün" erscheinen, was bereits in einem andern Zusammenhang (S. 81, 82, 87) erwähnt worden ist, und manche annähernd rein rote Blüten als vorwiegend „ultraviolett". Die Honigbiene scheint somit ein Farbensehen für *zwei klomplementäre Farbengruppenpaare* zu besitzen: einerseits Gelb und Blau, andererseits Blaugrün und Ultraviolett.

Die Versuche mit den Honigbienen führten dazu, auch andere Insektengruppen nach derselben Richtung zu untersuchen und dadurch indirekt die Ergebnisse jener Versuche zu überprüfen. *Dressurversuche mit gefangengehaltenen Hummeln* haben ein solches Farbensehen auch für diese wichtigen Blütenbesucher ergeben. Die Dressurversuche mit Honigbienen hat man später nach den verschiedensten Richtungen ausgebaut, so daß auch die Fähigkeit zur *Unterscheidung von optischen Einzelheiten*, z. B. von *Blütenzeichnungen* festgestellt werden konnte. Durch andere Dressurversuche wurde auch die Wahrnehmung und die Unterscheidung verschiedener *Blumendüfte* nachgewiesen und in ihren Einzelheiten überprüft. Es ergab sich dabei, daß die Bienen geradeso wie der Mensch die einzelnen Duftarten der Blüten gut voneinander zu unterscheiden vermögen und daß bei ihnen auch eine sehr wirksame *Bindung an bestimmte Blumendüfte* erreicht werden kann. Auch *Geschmacksprüfungen* konnten bei den Bienen durchgeführt werden. Diese Versuche erstreckten sich im wesentlichen auf jene Kategorie, die wir als *Süßempfindung* bezeichnen. In dieser Hinsicht erwiesen sich die Honigbienen als vom Menschen verschieden, da ihnen wohl bestimmte Zuckerarten mit verschiedener Wirkung als „süß" erscheinen, nicht aber andere für den Menschen stark süße Substanzen, wie z. B. das Saccharin.

Die Sprache der Honigbienen. Von besonderer Bedeutung für den Blütenbesuch der Honigbienen ist auch ihr stark ausgeprägtes *Mitteilungsvermögen*, das man mit Rücksicht auf seine Auswirkungen innerhalb der zu einem Stock gehörigen Bienen als ihre „Sprache" bezeichnet hat. Ein solches Mitteilungsvermögen kommt natürlich nur für die sozialen Bienen in Betracht, nicht aber für die einzeln lebenden. Die Mitteilung erstreckt sich dabei auf die Ergiebigkeit der Pollen oder Nektar spendenden Pflanzen, auf die Richtung der zu ihrer Ausbeutung nötigen Flüge und auf die Entfernung der Futterquelle vom Bienenstock. Von diesem Mitteilungsvermögen hängt ganz wesentlich das erfolgreiche *Zusammenwirken der Stockgenossen eines großen Bienenvolkes* ab. Die Honigbienen „sprechen" dabei untereinander eine Art von Taubstummensprache mit Hilfe von Körperbewegungen („Tänzen"), die unter Mitwirkung der Fühler auch in der Dunkelheit, die im Innern des Bienenstockes herrscht, von den Tieren leicht „verstanden" werden kann. Als *Mittel zur Orientierung* der Bienen hinsichtlich der Lage des Futterplatzes dienen die *Sonnenstrahlen*, vor allem der gerade wahrgenommene *Stand der Sonne* und das *polarisierte Himmelslicht*, wobei auch ein *Zeitgedächtnis* zur Geltung kommt. Über die Einzelheiten dieser verwickelten Zusammenhänge gibt dem Leser ebenfalls das schon erwähnte Bienenbuch genaue Auskunft. Wie weit all dies auch für die viel kleineren *Hummelstaaten* gilt, wissen wir noch nicht.

Das Gedächtnis der Bienen und die Bestäubung. Für eine erfolgreiche Bestäubung der Blüten ist es besonders wichtig, daß der Pollen von den blütenbesuchenden Tieren nicht allzusehr vergeudet wird. Diese sollen den Blütenstaub z. B. eines *Sonnenröschens* (Helianthemum) nicht etwa auf Blüten anderer Arten und Gattungen übertragen, sondern so lange als möglich wieder nur auf eine andere Blüte derselben Sonnenröschenart. Viele *Käfer* und die meisten *Blumenfliegen* besuchen mehr oder weniger wahllos nacheinander die verschiedensten Blütenarten. Durch solche Besucher wird wohl eine Selbstbestäubung ermöglicht, aber eine Kreuzbestäubung nicht gefördert und der Blütenstaub wird weitgehend auf artfremde Blüten verbracht, wo er erfolglos zugrunde geht. Anders ist es bei der *Honigbiene*. Wenn sie bei ihren Suchflügen z. B. pollenreiche Sonnenröschen gefunden und einige solcher Blüten erfolgreich ausgebeutet hat, stellt sich bald eine *Bindung an die gelbe Farbe der Blumenblätter* ein, die bei den darauffolgenden Besuchen immer mehr verstärkt wird. Ist der Pollenvorrat eines Sonnenröschens erschöpft, begibt sich die Biene von der Blüte weg. Beim Abflug wird der Anblick der nächstgelegenen Blüte derselben Pflanze sogleich den Flug zu ihr hinlenken. Die beim

Blütenbesuch gleichzeitig entstehende und sich steigernde *Bindung an den Duft* solcher Blüten bewirkt das „*Wiedererkennen*" derselben Art, wenn sie bisher für die Biene ergiebig war. Trifft eine solche Sonnenröschen-Biene auf ihrem Flug gelbe Blüten oder Blütenstände anderer Pflanzenarten und Gattungen, so werden auch diese zunächst wohlgezielt angeflogen, aber unmittelbar vor der Blüte, sobald das Tier den fremden Blütenduft bemerkt hat, schwenkt der Flug ab zur nächsten gelben Blume und so fort, bis wieder eine gelbe Blüte mit dem Duft des Sonnenröschens gefunden und dementsprechend ein neues Sonnenröschen aufgesucht wird. Läßt die Ergiebigkeit der besuchten Blütenart nach und hört sie schließlich auf, dann findet die Bindung an den Duft ihr Ende und oft auch die Bindung an die Farbe. Nach erfolgreichen Entdeckungen anderer ertragreicher Blüten regeln neue Bindungen die darauffolgenden Blütenbesuche. Das gleiche Verhalten finden wir auch bei den nektarsammelnden Honigbienen. So wechseln ständig verschieden lang dauernde Bindungen der Honigbienen in den einzelnen Jahres- und Tageszeiten und auch an verschiedenen Standorten blühender Pflanzen. Dabei erzielen diese Bienen und ebenso die Hummeln, in geringerem Ausmaße aber auch noch andere blütenbesuchende Bienenarten eine *ausreichende Ökonomie der Pollenübertragung*.

Die Immenblumen. Der großen Mannigfaltigkeit im Bau und in den Lebensgewohnheiten der blütenbesuchenden Hautflügler entspricht eine ebenso große Mannigfaltigkeit der von ihnen ausschließlich oder vorwiegend besuchten und bestäubten Blüten. Die *vielseitige Geschicklichkeit der Bienen (Immen)*, sich in den Blüten verschiedenster Bauart ohne Schwierigkeit zurecht zu finden, macht es verständlich, daß jene Blütenformen, die man als *Immenblumen* und auch als *Bienen- und Hummelblumen* zusammengefaßt hat, so verschiedenartig aussehen. Dabei fallen besonders die zahlreichen Blüten auf, die so gebaut sind, daß man durch sie nur eine einzige von oben nach unten gehende Symmetrie-Ebene legen kann. Die Staubbeutel werden bei solchen als *zygomorph* bezeichneten Blüten oft mehr oder weniger von der Blütenhülle umschlossen und der Nektar befindet sich innen am Grunde einer Blütenröhre oder in Aussackungen der Blumenkrone, wo er nur für bestimmte Tiere erreichbar ist. Besonders häufig kommen zygomorphe Immenblumen bei der Familie der *Leguminosen* vor, wo sie für die Unterfamilie der mit „schmetterlingsähnlichen" Blüten versehenen *Papilionatae* kennzeichnend sind. Pollen und Nektar bleiben in solchen Blüten für den Besucher unsichtbar. Durch eine bestimmte Kraftanwendung der hiezu besonders befähigten Bienen können jedoch die den Zugang zum Pollen und Nektar verdeckenden Klappen der Blumenkrone vorübergehend beseitigt werden, worauf diese dann nach dem Besuch von selbst wieder in die ursprüngliche Stellung zurückkehren. Derartige *Klappeneinrichtungen* besitzen z. B. die bereits erwähnten langröhrigen Blüten des *Roten Wiesenklees* (Trifolium pratense, Abb. 36, S. 76). In anderen Fällen sind besondere *Bürsten-, Pumpen-* und *Explosionseinrichtungen* vorhanden, die von den Besuchern zur Erlangung des Pollens betätigt werden müssen. Es gibt unter den Immenblumen aber auch radiär gebaute Blüten, die ebenfalls hinsichtlich ihrer Einrichtungen in mannigfacher Weise an den Bienenbesuch angepaßt erscheinen und in ihrem Aussehen von einander oft recht verschieden sind.

Es ist nicht möglich, im engen Rahmen dieses Buches eine umfassende Darstellung über die *große Mannigfaltigkeit der Formen und Einrichtungen* zu geben, die sich uns bei den verschiedenen Immenblumen zeigen. Von den einfachst gebauten Blüten, die deshalb auch anderen Besuchern zugänglich sind, bis zu solchen, die nur bestimmten Bienengattungen als Pollen- und Nektarquelle zur Verfügung stehen, gibt es alle denkbaren Übergänge. Es wird deshalb am besten sein, wenn hier an einigen wenigen ausgewählten Beispielen gezeigt wird, was die Immenblumen in besonderen Fällen leisten können und wie sich ihre Besucher an ihnen benehmen.

Fünf Beispiele von Immenblumen: 1. *Der Wiesensalbei.* Die zygomorphen Blüten der *Lippenblütler* (Labiatae) werden wegen ihres in der Tiefe der Kronröhre geborgenen reichlichen Nektars und auch wegen ihres Blütenstaubes sehr häufig von verschiedenen Bienenarten besucht. Bei den meisten dieser Blüten stehen die Narben und die Staubbeutel entweder über den Rand der Blütenröhre frei empor oder sie sind wie bei den *Taubnesseln* (Lamium-Arten) von der helmförmigen Oberlippe überdacht, aber trotzdem von außen sichtbar. Anders ist es beim *Wiesensalbei* (Salvia pratensis, Abb. 61), der ebenfalls zu den Lippenblütlern gehört. Aus der taschenartig zusammengelegten Oberlippe seiner gerade geöffneten dunkelvioletten Blüten ragt zwar das Ende des Griffels ein wenig hervor (Abb. 61 rechts und Abb. 62), von den Staubbeuteln ist aber nichts zu sehen. Erst dann, wenn die Blüte von einem geeigneten

Abb. 61. Der *Wiesensalbei*. Links: oberer Teil eines Blütenstandes, die beiden obersten Blüten vor 2 Stunden aufgeblüht, im männlichen Zustand, die unteren älteren Blüten im weiblichen. — Rechts oben: eine frisch aufgeblühte Blüte von der Seite, die Staubbeutel in der Oberlippe verborgen; rechts Mitte: durch das Einschieben eines Grashalms in den Blütenschlund wurde der Hebelmechanismus dieser Blüte betätigt, so daß die Staubbeutel aus der Oberlippe hervortreten und den Halm berühren; rechts unten: dieselbe Blüte nach dem Herausziehen des Halms, die Staubbeutel sind wieder in der Oberlippe verschwunden. — Links etwas verkleinert, rechts etwas vergrößert

Insekt — meist ist es eine Hummel — besucht wird, kommen die Staubbeutel aus ihrem Versteck hervor und geben den Pollen an den Besucher ab, um sogleich wieder zu verschwinden, wenn er die Blüte verläßt. Bei jedem neuen Blütenbesuch wird die

Bestäubungseinrichtung in der gleichen Weise und mit dem gleichen Erfolg neuerlich in Gang gesetzt, solange die Blumenkronröhre noch genügend frisch ist. Ebenso verhält sich der gelb blühende Klebrige Salbei (Salvia glutinosa) und ähnlich auch der Apotheken-salbei (Salvia officinalis) mit seinen blaßvioletten Blüten.

Diese so auffallende Bewegung der Staubblätter wird hier durch einen *Hebelmechanismus* bewirkt, der bei anderen Arten der Gattung durch Übergänge mit der normalen Ausbildung des Staubblattes der Lippenblütler verbunden ist. Er stellt bei dem Wiesensalbei *eine Spitzenleistung* der Hebelkonstruktion dar, die aber in solcher Ausbildung nicht notwendig ist, da verschiedene andere Salbei-Arten einer so vollkommenen Einrichtung entbehren und unter den gleichen äußeren Lebensbedingungen auch mit einer gerin-geren Leistung der Staubblätter ihr Auslangen finden.

Unmittelbar nach dem Aufblühen befindet sich die Salbeiblüte im *männlichen Zustand*, das heißt, die innerhalb der Oberlippe liegenden Staubbeutel sind geöffnet, und die beiden aus ihr hervor-stehenden Narbenäste sind aneinandergelegt und noch nicht zum Empfang des Pollens geeignet. Das Ende des Griffels steht zu dieser Zeit horizontal von der Blüte weg und läßt den Zugang zum Blüteneingang frei. Am Blütengrund wird von einem Sockel (Diskus), auf dem sich der Fruchtknoten befindet, bereits reichlich Nektar ausgeschieden, aber nur Tiere mit genügend langem und kräftigem Rüssel und entsprechendem Benehmen können mit jenem bis zum Nektar vordringen und dabei den Hebelmechanis-mus betätigen (Abb. 62 oben).

In den nächsten Tagen vollzieht sich der Übergang in den *weiblichen Zustand* der Blüte: der Griffel verlängert sich, krümmt sich im Bogen gegen die Unterlippe herunter und spreizt seine Narbenäste zum Empfang des Pollens auseinander (Abb. 62 unten). Die Nektarausscheidung geht weiter, auch der Hebelmechanismus funktioniert noch einige Zeit, doch wird er bald bedeutungslos, wenn die Pollenbehälter bereits leer sind. Während im männlichen Zustand der Blüte die Besucher durch die Hebeleinrichtung den Blütenstaub auf ihre Oberseite (Rückenseite) aufgedrückt erhalten, wo er kleben bleibt, können im weiblichen Zustand einer anderen Salbei-Blüte dieselben nektarsuchenden Tiere, wenn sie groß genug sind, den allenfalls auf ihrem Rücken oder Hinterleib mitgebrachten Salbei-Pollen an die dem Eindringen jetzt im Wege stehenden Narbenäste abstreifen.

Das Aussehen eines Blütenstandes des Wiesensalbei mit mittelgroßen Blüten gibt die Abbildung 61 links wieder. Die oberen Blüten befinden sich hier im männlichen, die unteren im weiblichen Zustand. Die Bilder rechts in der Abbildungsgruppe zeigen die Betätigung der Hebeleinrichtung durch einen *einfachen Versuch*, den jeder auf einer Wiese ohne besondere Behelfe durchführen kann: schiebt man einen entsprechend dünnen Halm, etwa von einem Grasblütenstand, in den Eingang einer eben geöffneten Blüte (Abb. 61 rechts oben) ein, dann kommen sogleich die beiden dicht beisammenliegenden Staubblatthebel hervor und pressen ihre offenen Pollenbehälter an den eingeführten Gegenstand (Abb. 61 rechts Mitte). Wenn man diesen wieder aus der Blüte herauszieht, kehren die Pollenbehälter

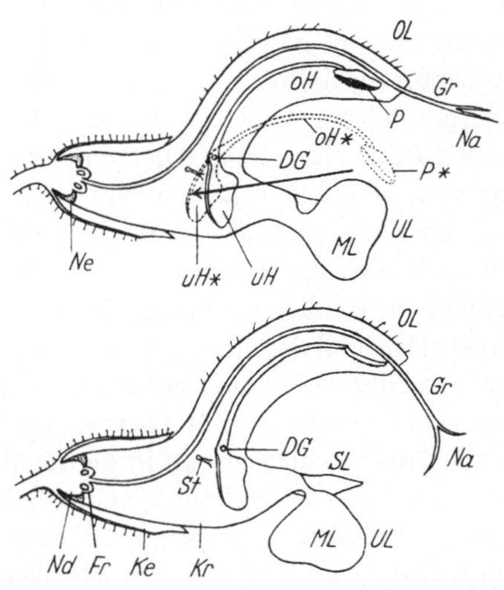

Abb. 62. Die Blüte des *Wiesensalbei* und ihre Hebeleinrichtung, der Länge nach durchschnitten. Oben männlicher, unten weiblicher Zustand der Blüte. (Ann. 2mal, Orig.) Bestäubungslage des Staubblatthebels gestrichelt eingetragen. (Alles Nähere im Text.) *Ke* Kelch, *Kr* Krone, *OL* deren Oberlippe, *UL* Unterlippe, *ML* Mittellappen der Unterlippe, *SL* deren Seitenlappen; *Fr* Fruchtknoten, *Gr* Griffelende, *Na* Narbe; *P* Pollenbehälter, *oH* oberer Hebelarm, *uH* unterer Hebelarm des Staubblattes, *oH** mit *P** und *uH** deren Bestäubungslage, *DG* Drehgelenk; *St* verkümmertes Staubblatt (Staminodium), *Nd* Nektardrüse, *Ne* Nektar

ebenso rasch in ihr Versteck zurück (Abb. 61 rechts unten).

Wie ist nun dieser eigenartige Hebelmechanismus gebaut? Seine Konstruktion geben die etwas schematisierten Längsschnitte durch eine Blüte des Wiesensalbei (Abb. 62) wieder. Jede solche Blüte enthält zwei funktionierende und zwei verkümmerte, nicht mehr funktionierende Staubblätter. Erstere sind in besonderer Weise zur *Hebeleinrichtung* umgestaltet. Ihr Staubfaden ist sehr kurz und in der Abbildung verdeckt. Er bildet ein *Drehgelenk (DG)*, das leicht beweglich die völlig abgeänderte Anthere trägt. Die (in der natürlichen Stellung der Blüte) untere Antherenhälfte ist in den löffelförmig verbreiterten *unteren Hebelarm (uH)* umgewandelt, während die obere Antherenhälfte zu einem langen, bogenförmigen Stück, dem *oberen Hebelarm (oH* des oberen Bildes) wurde, der einem Staubfaden sehr ähnlich sieht und an seinem freien Ende einen zweifächerigen, beweglich angefügten Pollenbehälter *(P)* besitzt. Dringt ein in die Blütenöffnung eingeführter schmaler Gegenstand — im Experiment der Halm oder beim Blütenbesuch der Rüssel — in der Richtung des eingezeichneten Pfeiles gegen den unteren Hebelarm vor, dann verschiebt sich dieser Hebelteil nach hinten (*uH** des oberen Bildes) und dreht dabei mit Hilfe des Drehgelenkes *(DG)* den oberen Hebelarm *(oH)* aus der Oberlippe der Blüte heraus *(oH*)*. Dadurch wird der Pollenbehälter vorübergehend in die für die Pollenabgabe erforderliche Stellung *(P*)* gebracht, um nach dem Aufhören des Druckes infolge des elastisch gespannten Drehgelenkes sogleich wieder in seine frühere Stellung *(P)* zurückzukehren. Der Hebelmechanismus funktioniert hier aber nur so lange, als die Blumenkrone frisch und vollständig prall ist. Gegen Ende des weiblichen Zustandes beginnt ihr Welken, und dann kehrt der obere Hebelarm nach dem Blütenbesuch gewöhnlich nicht mehr in seine ursprüngliche Stellung in der Oberlippe zurück.

Bei den größten und dadurch langröhrigsten Blüten des Wiesensalbei und des Klebrigen Salbei kommen auch *Nektarraub* nach Anbeißen der Kronröhre und noch häufiger *Nektardiebstahl* durch Insekten vor, die für die Bestäubung nicht gut oder gar nicht geeignet sind. Als Beispiel diene der in Abb. 63 wiedergegebene Nektardiebstahl durch einen Baumweißling (Aporia crataegi), der mit seinem langen dünnen Rüssel der Blüte den Nektar entnimmt, ohne dabei den Hebelmechanismus zu betätigen.

2. *Das Leinkraut.* Zu den streng zygomorphen Blüten mit völlig versteckten Geschlechtsorganen gehören auch die blaßgelben, mit einem orangefarbigen Saftmal versehenen „*Rachen-Blüten*" des *Gemeinen Leinkrauts* (Linaria vulgaris, Abb. 64). Sie sind uns

bereits von den Ausführungen über die Schmetterlingsversuche
(S. 77 u. 84 f.) bekannt. Die Blüten sind ausgeprägte Immenblumen,
die aber auch vom Taubenschwanz besucht zu werden pflegen.
Bei diesen zwittrigen Blüten sind sowohl die Staubbeutel als auch
die Narben im Innern der Blütenröhre verborgen, so daß sie von
außen nicht zu sehen sind. Man nennt deshalb solche Blüten
„*maskierte*" *Blüten*. Sie bieten den Besuchern Pollen und in einem

etwa 1 cm langen *Sporn*
größere Mengen von Nek-
tar, der aus einer darüber
befindlichen ringförmigen
Nektardrüse in den Sporn
hinabfließt und sich dort
ansammelt (Abb. 64). Der
Zugang zum Nektar und
Pollen ist durch zwei dicht
aneinander liegende *federnde*
Wölbungen der Blütenhülle
verschlossen. Die *Immen*
pflegen zunächst ihren Rüssel in den *schmalen Querspalt*
des Eingangs einzuführen
und diesen dann durch
Nachschieben des Kopfes
immer weiter zu öffnen,

Abb. 63. Ein *Baumweißling* als „Nektar-
dieb" an der Blüte des *Wiesensalbei* (Nat.
Gr., Photo J. Vornatscher)

bis sie entweder zur Gänze oder wenigstens mit dem Vorderkör-
per (Abb. 65) in den Blütenhohlraum vordringen und mit dem
Rüssel aus dem *Sporn* den *Nektar* übernehmen können. Nach der
Nektarentnahme zwängt sich das Tier im Rückwärtsgang aus der
Blüte heraus und der federnde Eingang schließt sich von selbst
hinter ihm. Bei diesen Bewegungen kann der Besucher mit seiner
Körperoberfläche noch innerhalb der Blüte den mitgebrachten
Pollen an der Narbe abstreifen und auf jeden Fall frischen Pollen
mitnehmen. Der *Taubenschwanz* schiebt dagegen seinen $2^1/_2$ cm
langen Rüssel sogleich bis in das Spornende hinein, nachdem er
durch Trommeln auf dem Saftmal den schmalen Blüteneingang
gefunden hat. Die Übertragung und Übernahme des Blütenstaubes
kann bei ihm nur mit Hilfe des Rüssels erfolgen, doch wird der

Bestäubungserfolg gewöhnlich gering sein. Andere Schmetterlinge, Zweiflügler und größere Käfer können sich des Nektars dieser Blüten nicht bemächtigen und deshalb auch nicht an ihrer Bestäubung beteiligt sein.

3. *Das Knabenkraut.* Von allen einheimischen Orchideenblüten sind wohl die des *Gemeinen Knabenkrautes* (Orchis morio, Abb. 66) am meisten bekannt. Ihre purpurnen, etwas auseinanderweichenden

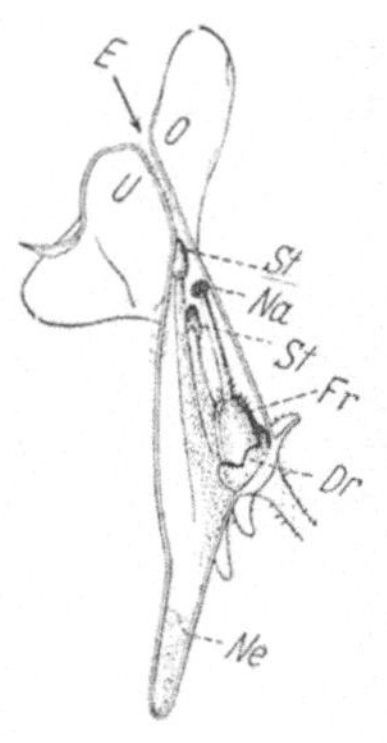

Abb. 64.   Abb. 65.

Abb. 64. Blüte des *Gewöhnlichen Leinkrauts*, der Länge nach aufgeschnitten, in vereinfachter Darstellung ($^7/_4$). *E* Eingang (etwas erweitert gezeichnet), *O* Oberlippe, *U* Unterlippe; *Na* Narbe, *Fr* Fruchtknoten, *Dr* Nektardrüse, *St* Staubbeutel; *Ne* Nektar, im Spornende angesammelt

Abb. 65. Eine *Erdhummel*, beim Eindringen in eine *Leinkraut*-Blüte ($^5/_3$, nach H. KUGLER)

duftenden Blütenhüllblätter umschließen den Eingang des Sporns, der von dem untersten Blütenblatt (Lippe a, b, und c, *L*) abzweigt, wo dieses um eine weißliche Fläche einige dunklere Purpurflecken (Saftmale) aufweist. Dieser 9 bis 10 mm lange *Sporn* enthält *keinen Nektar*, dafür besteht aber die Innenseite des Spornendes aus einem sehr weichen, *zuckerhaltigen Gewebe*, dessen Saft sich die Besucher leicht durch Anbohren mit ihrem Rüssel verschaffen können *(c Sp)*. Über dem Sporneingang befindet sich, in die Umgebung völlig eingesenkt, das einzige Staubblatt *(d A)* der Blüte. Sein *Pollen* wird in der Form von *zwei keulenförmigen gestielten Paketen* (Pollinarien S. 49) für die Besucher bereit gehalten. Die Stiele der Pollenpakete hängen mit einer zähen *klebrigen Masse*

(Klebscheibe) zusammen, die in einer Art Beutelchen *(d B)* über dem Sporneingang sich befindet. Stößt eine den Blütensporn ausbeutende Hummel oder Honigbiene mit dem Kopf an dieses Beutelchen an, so heftet sich die Klebmasse sogleich an dem Kopf fest. Beim Verlassen der Blüte zieht das Tier ein mit der Klebmasse

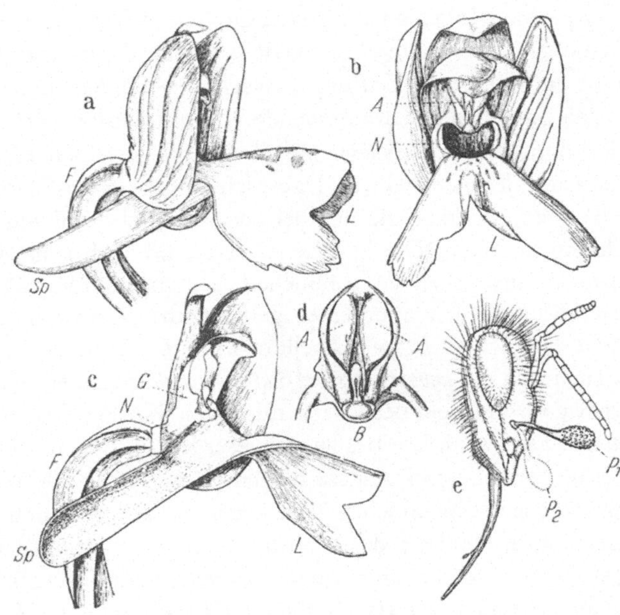

Abb. 66. Blüte des *Knabenkrautes (Orchis morio)*. a Blüte von der Seite, b von vorn, c der Länge nach durchschnitten: *L* Lippe, *Sp* Sporn, *F* Fruchtknoten, *N* Narbenfläche, *G* Geschlechtssäule (3mal); d die Geschlechtssäule von vorn, *A* Antherenfächer, hinter *B* die Klebmassen (6mal); e Kopf einer Honigbiene mit einem festgekitteten frischen Pollinarium P_1, dieses etwas ausgetrocknet P_2 (5mal) (Nach O. v. KIRCHNER)

verbundenes Pollenpaket oder auch beide Pakete aus der Anthere heraus und trägt dann diesen für das Tier unverwendbaren Pollen ahnungslos wie einen Kopfschmuck in eine andere Orchis-Blüte *(e* P_1 und P_2*)*. Wenn es nun seinen Rüssel in den Sporn der Blüte hineinsteckt und dort herumstochert, preßt es auch meistens das an seinem Kopf hängende Pollenpaket in die *stark klebrige Narbenhöhlung (*b und c *N)* hinein, da diese das Dach des Sporneingangs bildet. Dort keimen die an der Narbe zurückgebliebenen

131

Pollenmassen aus und senden bald dicke, aus vielen Pollenschläuchen bestehende Stränge in den unterständigen Fruchtknoten hinein, mit deren Hilfe die zahlreichen Samenanlagen befruchtet werden.

4. *Pollenschleudernde Orchideen-Blüten (Catasetum)*. Als eine der bemerkenswertesten Gruppen der Immenblumen seien große weit offene Blüten mit einer ganz eigenartigen Schleudervorrichtung besprochen, die wir bei einer einzigen Orchideen-Gattung finden, aber hier bei verschiedenen Arten in annähernd gleicher Ausführung: die Blüten der Gattung Catasetum (Abb. 67). Diese im tropischen Südamerika vorkommende Gattung besitzt getrenntgeschlechtige Blüten, entweder auf einer und derselben Pflanze oder auf verschiedenen Pflanzen. Da es sich um eine *Pollen-Schleudervorrichtung* handelt, kann sie nur bei den männlichen Blüten zur Ausbildung kommen. Die in ihrer Gestalt und auch sonst sehr voneinander abweichenden weiblichen und männlichen Blüten dieser Gattung haben aber eines gemeinsam: eine nach oben gerichtete *helmförmige Lippe* (Labellum, Abb. 67 Mitte a, L), in deren Tiefe sich ein *anbohrbares nahrhaftes Gewebe* befindet, das als Futtergewebe von den Besuchern mit ihren Kiefern bearbeitet und ausgebeutet wird. Die Bestäuber dieser Blüten sind Arten der schon früher erwähnten Euglossa-Bienen (S. 109, Abb. 53). Wenn sich eine solche der männlichen Blüte genähert hat und, durch den Duft geleitet, in die Tiefe der Lippenhöhlung vorzudringen versucht, stößt sie unfehlbar an einen der beiden von der Blütenmitte (Säule) ausgehenden *schmalen Fortsätze (Hörner*, H_1 und H_2 der Abb. 67a). Dadurch wird sogleich ein Schleudermechanismus ausgelöst, der dem Tier mit aller Kraft ein *Pollinarium* (Abb. 67b, c und d) entgegenwirft, das mit Hilfe einer bei der Bewegung durch die Luft vorangehenden *Klebscheibe (K)* an seinem Körper hängen bleibt. Dieses Pollinarium besteht aus zwei Pollenpaketen (Pollinien P), die durch ein elastisches Verbindungsstück (Stiel, S) mit der Klebscheibe fest verbunden sind und deshalb auch gemeinsam (als Pollinarium) auf dem Insektenkörper landen. Beim Besuch der Lippe einer weiblichen Blüte kann das Tier die von ihm mitgebrachten Pollenpakete an der klebrigen *weiblichen Geschlechtsöffnung* (Narbe) der Blüte abstreifen, wo sie dann keimen und Bündel von Pollenschläuchen zu den Samenanlagen hinabsenden. Der Antherendeckel *(A)* geht dabei als wertlos verloren.

Früher hat man gewöhnlich angenommen, daß es sich hier um einen Vorgang handle, bei dem in raffinierter Weise die „Reizbarkeit" der beiden Hörner (die man deshalb auch „Fühlhörner" oder „Antennen" genannt hat) mit Hilfe einer besonderen Erregungsleitung die plötzliche Loslösung und *Abschleuderung des Pollinariums* von der Mittelsäule der Blüte bewirken sollte. Neuere experimentelle Untersuchungen haben aber ergeben, daß es sich

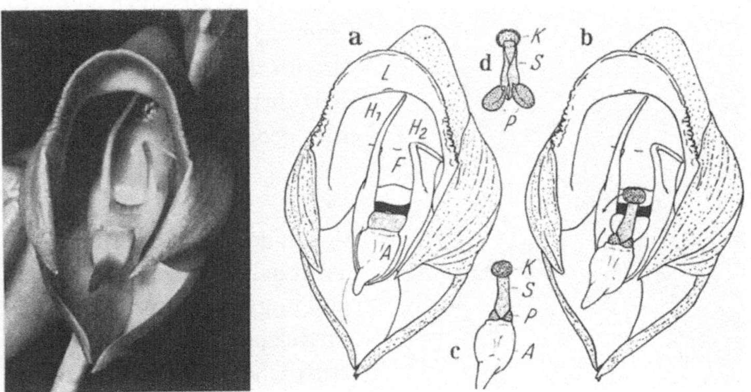

Abb. 67. Die männliche Blüte von *Catasetum*. Links und a frisch geöffnete Blüte; die vom Säulenfuß *(F)* ausgehenden Hörner *(H₁* und *H₂)* der Pollenschleuder im Hohlraum der Lippe *(L)* noch unberührt; die Anthere von ihrem Deckel *(A)* eingeschlossen. — b das Pollinarium wird abgeschleudert, der Antherendeckel mitgerissen. — c Pollinarium mit Stiel *(S)* und Klebscheibe *(K)* mit Klebfläche, die Pollenmassen (Pollinien *P)* mit Antherendeckel *A*, von vorne. — d Hinterseite des Pollinariums, das in a noch flache Stielband *(S)* hat sich nach hinten eingerollt, Pollenmassen frei, Klebfläche der Klebscheibe *(K)* vom Beschauer abgewendet, Antherendeckel abgefallen. Näheres im Text (Alles ⁴/₅)

hier nicht um einen Reizvorgang, sondern um einen — in seinem biologischen Zusammenspiel aber trotzdem staunenerregenden *mechanischen Vorgang* handelt. An der Basis der Catasetum-Hörner sind nämlich gespannte Gewebe mit vorgezeichneten Trennungslinien vorhanden. Schon die leichteste Berührung der Hörner reicht aus, um diese Gewebe etwas zu zerren und dadurch an den Trennungslinien zu zerreißen. Die vorhandenen starken Spannungen gleichen sich augenblicklich aus, der Stiel des Pollinariums löst sich ab und rollt sich ein, wobei er durch den Rückstoß samt den Pollenpaketen und der Klebscheibe von der Blüte weggeschleudert wird. Die Voraussetzungen und die Auslösung dieses Vorganges entsprechen somit jenen, die von den „explodierenden" Früchten des „*Rühr-mich-nicht-an*" (Impatiens noli tangere) bekannt sind.

Nicht jeder Schuß der Pollenschleuder von Catasetum wird den Bestäuber richtig treffen. Auch wird nicht immer von ihm das Pollenpaket an der richtigen Stelle der weiblichen Blüte wieder abgestreift werden. Doch genügt es bei diesen vieljährigen Pflanzen, wenn ab und zu ein so verwickeltes Geschehen zum Ziel führt, denn es entsteht dann eine große Fruchtkapsel mit vielen Tausenden von Samen.

5. Die Berberitzen-Blüte. Wenn auch in dem Fall von Catasetum die Annahme einer für den Bestäubungsvorgang notwendigen Reizerscheinung ein wissenschaftlicher Irrtum gewesen ist, so gibt es dennoch einige andere Blütenarten, deren Funktionieren mehr oder weniger von der *Reizbarkeit bestimmter Blütenteile* abhängt. In solchen Fällen wird durch die Berührung eines Blütenorganes in diesem ein Erregungszustand ausgelöst, der zu einer im Dienste der Bestäubung wirkenden Bewegung führt. Als Beispiel sei hier nur die zwitterige Blüte der bei uns häufigen Berberitze (Sauerdorn, Berberis vulgaris, Abb. 68) kurz besprochen. Im unberührten Zustand steht diese Blüte weit offen. Die zitronengelben, muschelförmigen Perianthblätter (Abb. 68 b) bergen

Abb. 68. *Berberitze*. a Zweig mit hängendem Blütenstand; Blüten in verschiedenen Entwicklungszuständen (Zeichnung H. BODMANN, nat. Gr.). — b offene Blüte mit ungereizten Staubfäden; die Narbe verdeckt den schmäleren Fruchtknoten; zu beiden Seiten der Basis der Staubfäden je eine Nektardrüse, schwarz eingezeichnet (3mal). — c Schema der Reizbewegung eines Staubblattes, z. T. nach G. HABERLANDT: *P* Blütenhüllblatt, *F* Staubfaden, A_1 Antherenstellung vor der Reizung, A_2 nach der Reizung; *Ne* Nektardrüse, *Rü* Rüssel, *Na* Narbe (Längsschnitt der Blüte, ann. 5mal)

in ihrer Höhlung je ein Staubblatt, dessen Staubbeutel sich mit zwei weit abstehenden Deckeln öffnet. Rechts und links von der Staubblattbasis trägt das dahinterstehende Perianthblatt je eine elliptische, dunkel orangefarbige Nektardrüse (*Ne* der Abb. 68c), um die sich der ausgeschiedene Nektar ansammelt. Dringt ein Insekt, etwa eine Honigbiene, mit dem Rüssel (*Rü* der Abb. 68c) gegen den Nektar vor, dann muß seine Spitze unbedingt eine der *reizbaren Staubblattbasen* berühren. Sogleich krümmt sich der betreffende Staubfaden *(F)* in der Richtung gegen den Stempel. Der dazugehörige Staubbeutel (A_1) bewegt sich dabei ebenso rasch gegen die Blütenmitte (A_2) und drückt dadurch die mit Pollen dicht bedeckten Antherendeckel an den Rüssel an, der den Blütenstaub übernimmt. Beim nächsten Blütenbesuch kann dieser leicht an der Narbe einer anderen Blüte abgestreift werden. Nach kurzer Zeit kehrt das gereizte Staubblatt wieder in seine Ruhelage (A_1 der Abb. 68c) zurück und es ist nun zu einer weiteren Reizbewegung bereit.

b) Die Wirbeltiere als Blütenbesucher

Die Wirbeltiere sind unter den tierischen Helfern der Bestäubung erst zuletzt in den Dienst der Pollenübertragung gelangt. Die von ihnen vorwiegend oder ausschließlich besuchten Blumen zeigen im Vergleich zu den von Insekten bestäubten aber nichts grundsätzlich Neues an Einrichtungen und Lebensvorgängen. Die Unterschiede sind meist quantitativer Art. Sie ergeben sich vor allem aus der die Insekten gewöhnlich übertreffenden Körpergröße blütenbesuchender Wirbeltiere, von denen nur die kleineren und die kleinsten für die Bestäubungstätigkeit in Betracht kommen. Die *Entfernung zwischen Narbe, Nektar und Staubbeuteln* (oder den als Futter dienenden anderen festen Blütenteilen) muß natürlich auch bei den Wirbeltierblumen eine solche sein, daß während der Futterentnahme aus der Blüte womöglich mit einem einzigen Akt die Übertragung des mitgebrachtn Blütenstaubes auf die zugehörige Narbe gewährleistet wird, ebenso wie die Übernahme von neuem Blütenstaub.

Für die meisten *flugtüchtigen Wirbeltiere* müssen die von ihnen besuchten Blüten und Blütenstände so weit kräftig gebaut sein,

daß sich diese Tiere wenigstens durch einige Sekunden an ihnen
festhalten können, ohne daß die Blüten abbrechen oder sonstwie
Schaden leiden. Bei den behutsamsten Besuchern, den *Kolibris*,
die frei vor der Blüte schwebend aus ihr das Futter entnehmen,
genügt es jedoch, wenn die besuchten Blüten nur so widerstands-
fähig und so gut an der Pflanze befestigt sind, daß sie die beim
Einführen des Schnabels unvermeidlichen Druck- und Zug-
wirkungen vertragen. Zum *Schutz vor den ungestümeren, rücksichts-
loseren Besuchern* sind dagegen oft *besondere Verstärkungen* in den
Blütengeweben notwendig. Für die flugunfähigen Säugetiere
und verschiedene Vögel müssen überdies die Äste, die Blüten oder
Blütenstände tragen, ausreichend stark sein, um auch noch das
Gewicht und die Betätigung der auf ihnen sitzenden oder umher-
steigenden Tiere ohne die Gefahr eines Bruches auszuhalten.

Die *Entwicklung der Insektenblume zur Wirbeltierblume* kann nur
allmählich und auf verschiedenen Wegen und zu verschiedenen
Zeiten vor sich gegangen sein. Demgemäß finden wir auch heute
noch Blütenarten, die sich deutlich auf dem Weg von der
Insektenblütigkeit zur Wirbeltierblütigkeit befinden. Sie werden
ebenso häufig von Insekten wie von Wirbeltieren besucht. Auch
Fälle, bei denen sich innerhalb der bereits erreichten Wirbeltier-
bestäubung ein *Übergang von der Vogelblume zur Säugetierblume* zeigt,
sind vorhanden. Die heutigen Vogelfamilien und auch die Familien der heutigen Beutelratten, Insektivoren und Fledermäuse
waren zugleich mit den meisten der jetzt lebenden Familien der
bedecktsamigen Pflanzen größtenteils wahrscheinlich schon im
Alttertiär, also schon vor etwa 50 Millionen Jahren nebeneinander
vorhanden. Es ist deshalb möglich, daß die Vogelblumen und die
Säugetierblumen schon in der Tertiärzeit ihre ersten Vertreter
gehabt haben.

1. Die Vögel

Blütenbesuchende Vögel fehlen in Europa vollständig. In der
Nähe unseres Kontinents finden die afrikanischen und west-
asiatischen Blumenvögel ihre nördlichste Grenze in Palästina, das
noch eine Art von Nektarvögeln aufweist. Über die wichtigsten
Familien der in der alten und der neuen Welt vorkommenden
Blumenvögel und über ihre Bedeutung für die Bestäubung werden

wir später noch Genaueres erfahren. Sie gehören verschiedenen systematischen Gruppen an. Die größten Vögel, die regelmäßig Blüten besuchen, haben eine Körperlänge von mehreren Dezimetern, während die kleinsten in ihrer Körperlänge bis zu wenigen Zentimetern heruntergehen.

Ernährung und Flugvermögen blütenbesuchender Vögel. Geradeso wie sich die bereits besprochenen blütenbesuchenden Insekten infolge ihrer Körperbeschaffenheit und ihrer Lebensgewohnheiten in verschiedenem Ausmaß an der Bestäubung beteiligen, ist dies auch bei den blütenbesuchenden Vögeln der Fall. So können wir auch bei diesen *alle Übergänge von den für die Blüte nutzlosen Nektar- und Pollenbeziehern bis zu den aufs Beste angepaßten Bestäubern* bestimmter Blüten feststellen. Wir sehen unter ihnen *Blütenverwüster*, die den Bestäubungsbetrieb der Pflanze gewöhnlich nur schädigen, und daneben die *behutsamen Blumengäste*, die das Höchstmögliche an Ökonomie des Blütenbesuches im Dienste der Bestäubung leisten. Wir finden bei der Prüfung der Blütenbesucher oft an einer und derselben Pflanzenart nebeneinander *Vögel mit den verschiedensten Futteransprüchen:* insektenfressende Vögel, die wohl nur durch den Insektenfang zu den Blüten gelockt werden, dann aber gern auch den dargebotenen Zuckersaft in sich aufnehmen; Fruchtfresser, denen in den Blüten Nektar und saftige Blütenteile als Nahrung sehr willkommen sind; und schließlich solche Vögel, die als höchstangepaßte Nektarsauger sich nur des Nektars als Energiequelle bei ihrer Ernährung bedienen. Aber selbst diese ausgesprochenen Nektarsauger fangen gewöhnlich wenigstens zeitweise Spinnen und Insekten für den eigenen Eiweißbedarf, ganz besonders aber für die Versorgung ihrer Jungen, die zum Heranwachsen vor allem eiweißhaltiger Nahrung bedürfen. Dabei ist noch zu berücksichtigen, daß die weiblichen Blumenvögel auch für die Eiweißspeicherung in ihren Eiern große Mengen hochwertiger Eiweißstoffe benötigen, die ihnen der nur aus Zucker und Wasser bestehende Blütennektar niemals bieten kann. Eine gute andere Eiweißquelle für die Vögel ist der Pollen. Er wird von verschiedenen Blumenvögeln gern verzehrt, wobei sie vielfach auch die von Pollen erfüllten Staubbeutel aufzufressen pflegen. Auch manche Blumenblätter liefern den Vögeln eiweißreiches Futter.

Trotz dieser *Mannigfaltigkeit des Futterbezuges* bildet aber doch der *Nektar* für die *erwachsenen* Blumenvögel das wesentlichste Verköstigungsmittel. Je eifriger und je schneller diese Vögel im Fluge sind, desto mehr bedürfen sie des *Zuckers als Energiequelle* für die Betätigung der Flugmuskeln. Der Nektar enthält bei den meisten Vogelblumen aber auch reichlich Wasser. Da die Vogelblumen häufig in der trockenen Jahreszeit und in wasserarmen Landschaften erblühen, bilden diese Blumen mit ihren großen Mengen dünnflüssigen Nektars zugleich auch eine wichtige Quelle, aus der die Blumenvögel ihren *Durst* stillen können.

Die Annäherung der Blumenvögel an die Blumen geschieht im Flug, der in den meisten Fällen ein wohlgezielter *Flatterflug* ist. Bei den Kolibris erfolgt die Flügelbewegung dagegen so rasch, daß ein *Schwirrflug* entsteht, der es den Tieren gestattet, mit jeder notwendigen Geschwindigkeit aufwärts und abwärts, vorwärts und rückwärts zu fliegen und auch an einer und derselben Stelle mit unbewegtem Körper in der Luft zu verharren. In diesem Falle bewegen sich die Flügel so schnell, daß sie für den Beschauer unsichtbar werden (Abb. 25, S. 52), während der sich langsam und ruhig dahinbewegende Körper leicht zu sehen ist. Darin verhalten sich solche Vögel vor den Blüten geradeso wie die bestausgestatteten Schwärmer unter den blütenbesuchenden Schmetterlingen. Diese Art des Schwirrfluges der Kolibris fehlt den übrigen Blumenvögeln, wenngleich die sonst hochspezialisierten Nektarvögel und Honigfresser manchmal vor den Blüten eine Art von „Rüttelflug" ausführen, der aber keinen Vergleich aushält mit dem „Standflug" der Kolibris.

Die *Kolibris* sind demnach als einzige Vogelgruppe imstande, frei vor der Blüte schwebend und ohne Benützung ihrer Beine in jeder Richtung, auch von unten her, ihren Schnabel langsam und wohlgezielt in die Nektarräume einzuführen (Abb. 25, S. 52). Die anderen Blumenvögel sind dagegen gezwungen, sich unmittelbar neben der Blüte auf dem Blütenstand oder auf einem benachbarten Ast niederzulassen und von dort aus unter mannigfachen Körperverrenkungen, manchmal auch in verkehrter Stellung mit herunterhängendem Körper, also unter Anwendung verschiedener Akrobatenkünste die Blüten auszubeuten. Bäume und Sträucher mit ihren verholzten Ästen, die den Vögeln als

Sitzstangen dienen, sind deshalb als Träger solcher Vogelblumen besonders geeignet. Ganz anders verhalten sich dagegen die ausgesprochenen *Kolibriblumen*, die solcher Hilfseinrichtungen entbehren können und sie meistens auch nicht besitzen. Deshalb kann es geschehen, daß Pflanzen mit extrem ausgebildeten Kolibriblumen, besonders mit solchen, die an langen dünnen Stielen herunterhängen, wenn sie aus ihrer amerikanischen Heimat in die Tropen der Alten Welt verpflanzt werden, wo es zwar viele andere Blumenvögel, aber keine Kolibris gibt, einer erfolgreichen Bestäubung entbehren und dadurch auf die Samenbildung verzichten müssen.

Die Orientierung der Blumenvögel. Die Blumenvögel bedienen sich im Fluge von Blüte zu Blüte und bei der Ausbeutung der Blumen mit bestem Erfolg ihrer *Augen*, da bei den Vögeln im allgemeinen das *Geruchsvermögen* so *schlecht ausgebildet* ist, daß es sich zu einer Orientierung gegenüber den Blumen nicht eignet. Alle Beobachtungen über das Verhalten der Blumenvögel, besonders aber die *Duftlosigkeit der meisten ausgesprochenen Vogelblumen*, haben diese Tatsache bestätigt. Wir dürfen deshalb erwarten, daß beim Blütenbesuch der Vögel die Verwendung der Augen auch für die Ermittlung der Einzelheiten einer zu besuchenden Blüte und damit für den Bestäubungserfolg des Blütenbesuches eine ganz besondere Rolle spielt. Infolge des höheren optischen Auflösungsvermögens ist das Wirbeltierauge in dieser Hinsicht weit geeigneter als das bestgebaute Facettenauge schnell fliegender Insekten.

Eine wichtige Rolle spielt beim Blumenvogel sein wohlausgebildetes *Farbensehen*. Trotz weitgehender Ähnlichkeit mit dem Farbensehen des Menschen muß das Vogelauge wohl manche Farben etwas anders sehen. Es kommen nämlich in der Netzhaut des Vogelauges an den Innengliedern der Zapfen stets große, meist *gelbe bis rote Ölkugeln* vor, die für das einfallende Licht als Farbfilter wirken. Dies stimmt mit den Ergebnissen von Versuchen überein, nach denen die untersuchten Vögel, die allerdings nicht zu den Blumenvögeln gehörten, für Blau und Violett weit weniger empfindlich waren als der Mensch, für Gelb etwa gleichempfindend, jedoch viel stärker für Rot als wir. Es ist aber durchaus möglich, daß gerade bei den Blumenvögeln, deren Farbensehen noch nicht genau geprüft worden ist, auch noch eine gute

Empfindlichkeit für verschiedene blaue Farbtöne, die bei den
Vogelblumen nicht selten sind, sich wird nachweisen lassen. Im
Gegensatz zur erhöhten Rotempfindlichkeit der Vögel steht die
bereits besprochene Rotblindheit der blütenbesuchenden Insekten.
Diese paßt aber sehr gut zu der schon früher erwähnten Tatsache,

Abb. 69. *Schnabelformen verschiedener Blumenvögel. Kolibris: A Rhamphomicrum
microrhynchum, B Eriocnemis aureliae, C Docimastes ensifer, D Phaethornis prêtrei,
E Eutoxeres condaminei. Keidervögel: F Loxops coccinea, G Chlorodrepanis virens,
H Hemignathus obscurus, I Drepanis pacifica. Pinselzungenpapagei: K Trichoglossus
moluccanus. (Zusammengestellt nach O. PORSCH, ¹/₂)*

daß unter den von Insekten besuchten Blüten *reines oder gelbliches
Rot* nur sehr selten vorkommt, dagegen bei den Vogelblumen eine
besonders häufige Farbe (Vogelblumenrot“ S. 62) ist. Oft verleiht
ein solches Rot gemeinsam mit anderen satten Farben in verschiedenen Zusammenstellungen und Übergängen den Blüten und
Blütenständen der Vogelblumen die Färbung des Federkleides
bunter Papageien. Sehr günstig wird die Sichtbarkeit mehr oder
weniger gelblich-roter bis rein roter Blütenfarben für die Blumenvögel dann, wenn die Blüten zu einer Zeit erscheinen, in der der

Baum seine Laubblätter abgeworfen hat, so daß die Äste kahl
sind. Dies ist z. B. bei den Korallenbäumen (Erythrina-Arten)
der Fall.

Schnabel- und Zungenbau. Die Blumenvögel pflegen ihre
Nahrung immer mit Hilfe des *Schnabels* und stets unter Mitwirkung ihrer *Zunge* aus den Blüten zu übernehmen. Diese beiden
Organe haben bei den höchst ent-
wickelten Formen blütenbesuchender Vögel eine ganz besondere
Ausbildung erfahren. *Lange und
schmale Schnäbel* (Abb. 69) gestatten
solchen Tieren die Nektarentnahme
auch aus tief gelegenen und nur
durch enge Zugänge erreichbaren
Nektarvorräten. Es ist ferner in bestimmten Fällen dafür gesorgt, daß
bei solchen Schnäbeln der Ober-
schnabel den Unterschnabel von
oben her so weit übergreift, daß
dieser Schnabel selbst dann noch
ein *dichtes Saugrohr* bildet, wenn er
an seiner Spitze zum Vorstrecken
der Zunge etwas geöffnet wird.
Dabei kann die Übernahme mit
Hilfe röhrenförmiger, weit vor-
streckbarer Zungen bedeutend gesteigert werden. Eine *Röhrenform
der Zunge* wird häufig durch Einrollen ihrer oft gefransten Ränder

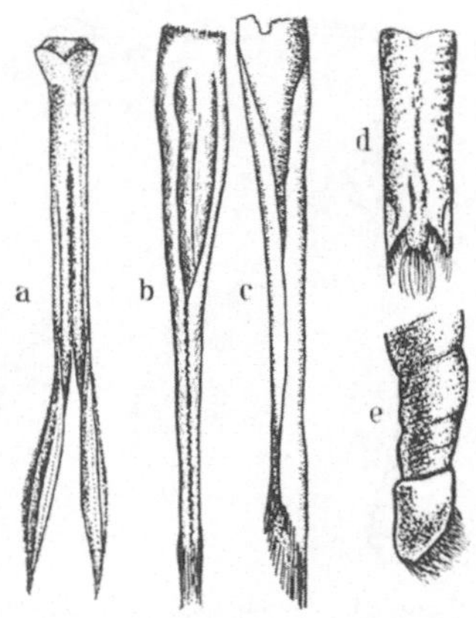

Abb. 70. *Zungenformen verschiedener
Blumenvögel:* a *Kolibri*, Oberseite
der gespaltenen Röhrenzunge;
b, c *Kleidervögel*, Pinselzunge rin-
nenförmig, nach oben eingerollt;
d, e *Pinselzungen-Papagei*, dasselbe
Zungenende von oben und von
der Seite gesehen (Alles vergrößert. Nach W. Moller und aus
O. Porsch)

erreicht (Abb. 70a—c). Dies ist z. B. bei den Kolibris der Fall.
Beim Saugakt wird die Zunge sehr rasch aus- und eingezogen,
wodurch eine Art *Pumpenwirkung* entsteht, die den Nektar schnell
weiterbefördert. Die *feine Zerteilung der Zungenränder* führt uns hinüber zu jener Art der Ausbildung, bei der das Zungenende mit
einem dichten Pelz von Haaren oder Borsten besetzt ist, mit deren
Hilfe die betreffenden Vögel den Nektar wie mit einem Pinsel auftunken können (Abb. 70 b, c, d und e). Wenn eine solche *Pinselzunge*
sich z. B. in einem kurzen, krummen Papageienschnabel befindet,

kommt bei ihrer Betätigung wohl kaum eine Pumpenwirkung zustande. Doch kann auch ein Pinselzungen-Papagei seine Zunge außerordentlich rasch und immer wieder aus- und einziehen. Beim Einziehen wird das nektargetränkte Ende im Mund sehr schnell von dem daran befindlichen Nektar befreit und dieser in die Speiseröhre weiter befördert. Dann wird der Zungenpinsel wieder geschwind zum Nektar vorgeschoben und so fort, bis der Nektarvorrat der Blüte erschöpft ist.

Die *Länge und Dicke des Schnabels und seine Gestalt* sind bei den verschiedenen Arten der Blumenvögel recht verschieden. Die Einzelheiten ergeben sich aus der Betrachtung der hier beigegebenen Abbildungen (Abb. 69). Wenn der Schnabel eines Blumenvogels für die normale Nektarentnahme aus einer langen Blütenröhre zu kurz ist, pflegen sich solche Tiere dann häufig den Nektar durch „*Einbruch*" zu verschaffen, indem sie die Röhre nahe an ihrer Basis mit der Spitze des Schnabels anstechen oder eine Strecke

Abb. 71. *Nektarvögel. A* die langschnäbelige *Arachnothera longirostris, B* diese beim Besuch und der Bestäubung einer Blüte von *Sanchezia nobilis* (Acanthazee); *C* der kurzschnäbelige *Anthotreptes malaccensis, D* dieser beim Einbruch in eine *Sanchezia*-Blüte und Nektarraub. (Alles $^1/_2$, nach O. PORSCH)

weit aufschlitzen (Abb. 71). Diese Methode stimmt weitgehend mit der Art des „*Nektarraubes*" durch bestimmte kurzrüsselige Hautflügler überein, von der wir schon früher (S. 52 ff., Abb. 25) erfahren haben.

Festigkeit und Beanspruchung der Vogelblumen. Entsprechend der oft recht ungestümen *Beanspruchung der Vogelblumen* durch bestimmte Blumenvögel müssen jene, wie bereits erwähnt, ein ausreichendes Maß von Festigkeit besitzen, damit sie durch den Blütenbesuch nicht der völligen Zerstörung anheimfallen. Vor allem gilt dies für die Blütenstiele, den Blütenboden und die weiblichen Teile. Gewöhnlich genügt für stärker beanspruchte

Vogelblumen die Verdickung der Zellwände der Oberhaut (Epidermis) und die normale Spannung (Turgor) der lebenden pflanzlichen Gewebe, wodurch eine genügende *elastische Festigkeit der Blüte* erzielt wird. Häufig sind aber auch eigene *mechanische Gewebe* vorhanden, durch die bestimmte Blütenteile verstärkt werden. Auffallend ist in dieser Hinsicht der Bau der Blüte mancher Myrtazeen. Bei den hieher gehörigen Blüten der

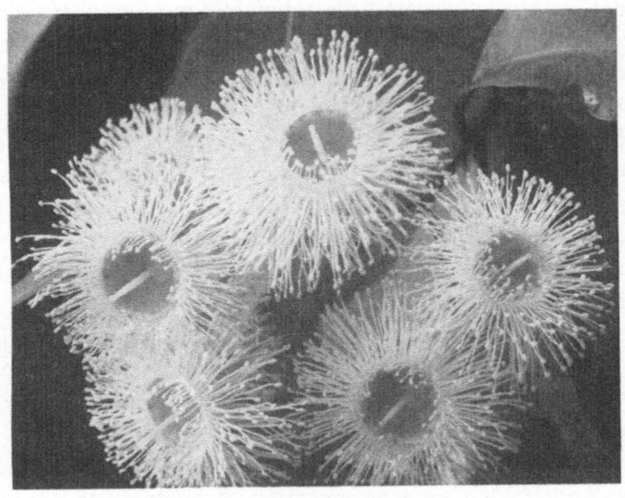

Abb. 72. *Eucalyptus*-Blüten mit weißen Staubblättern. Rings um den Griffel ein großer, von Nektar erfüllter Hohlraum (³/₄, Photo H. CAMMERLOHER)

Gattung *Eucalyptus* (Abb. 72) ist die Wand des unterständigen Fruchtknotens und der Griffel so sehr mit *dickwandigen verholzten Zellen* ausgestattet, daß der Unterteil der Blüte wie aus Holz gefertigt erscheint und der Griffel beim Verbiegen den Eindruck eines Metalldrahtes erweckt! Infolge dieser Ausbildung von harten Holzelementen ist die Eucalyptus-Blüte in der Zeit des Besuches bereits ausgewachsen, so daß beim Heranreifen der Samen keine wesentliche Vergrößerung des Fruchtknotens mehr erfolgt. Eine solche Verstärkung der Blüten ist besonders beim Besuch durch die als Hauptbestäuber tätigen sehr kräftigen *Pinselzungen-Papageien* (Trichoglossidae) notwendig, wenngleich diese in manchen Fällen beim Blütebesuch auch recht behutsam vorgehen können.

143

Je nach der Gestalt des Vogelkopfes und dem Bau und der Größe der Blüten übernehmen und übergeben die Blumenvögel den *Blütenstaub* entweder mit ihrem Schnabel oder auch mit anderen Oberflächenteilen des Kopfes, ja selbst in manchen Fällen mit dem Hals und der Vorderbrust. Der feinere Bau der Federn ist dabei für die Übernahme des Pollens ganz besonders günstig. Bei dieser Tätigkeit übertragen sie so weitgehend den Blütenstaub der von ihnen besuchten Blüten, daß bei den meisten Blütenarten die Befruchtung und damit die Samenbildung durch den Vogelbesuch vollständig gesichert erscheint. Dadurch haben die Blumenvögel bei der natürlichen Auslese der neu gebildeten Blüteneinrichtungen und damit bei der fortschreitenden Ausgestaltung der Vogelblumen eine wesentliche Rolle gespielt. So erhielt die Blütenwelt der tropischen Länder und auch einiger subtropischer Randgebiete mit Hilfe der Vögel ihr besonderes Gepräge.

Auf großen reichblühenden Bäumen, deren Blüten von Vögeln besucht zu werden pflegen, bilden sich gewöhnlich bunt zusammengesetzte *Besuchergesellschaften*, die an die Blüten recht verschiedene Ansprüche (S. 137) stellen und sich dementsprechend auch nicht gleich lang und nicht mit derselben Wirksamkeit an den Blüten betätigen. Dies gilt z. B. für die bereits (S. 141) erwähnten, zu den Leguminosen gehörigen Korallenbäume. So konnte man an den sattroten Blüten der in Indien beheimateten *Erythrina indica* (Abb. 73 e), eines sehr bekannten *Korallenbaumes*, dort während einer Beobachtungszeit von drei Jahren insgesamt 46 Vogelarten aus 16 Familien als Besucher feststellen. Bei allen diesen Arten wurde die Entnahme von Nektar beobachtet und bei 24 Arten auch die Übernahme von Blütenstaub.

Familien der Blumenvögel. Es ist noch nicht lange her, seit man den ganzen Umfang der Vogelblütigkeit kennen und entsprechend seinem Werte für die tropische Pflanzenwelt richtig einschätzen lernte. Heute wissen wir, daß die Vögel an der Bestäubung tropischer und subtropischer Blüten so maßgebend beteiligt sind, daß sie besonders in den tropischen Gebieten im Wettbewerb um die Bestäubung die hochwertigen Blüteninsekten oft weit übertreffen. Die Gesamtzahl blütenbesuchender Vogelarten wird auf rund 2000 (aus etwa 50 verschiedenen Vogelfamilien) geschätzt. Dabei kann man annähernd 1400 Arten als Mindestzahl hochangepaßter Blumenvögel annehmen, die zum Teil in sehr vielen Individuen auftreten. Unter den etwa 300 Familien bedecktsamiger Blütenpflanzen wurden nicht weniger als 112 Familien mit vogelblütigen Arten festgestellt! Von den *hochorganisierten und dadurch leistungsfähigsten Familien der Blumenvögel* seien hier nur folgende hervorgehoben: die *Kolibris* (Trochilidae) und *Zuckervögel* (Coerebidae) im tropischen und subtropischen Amerika; die

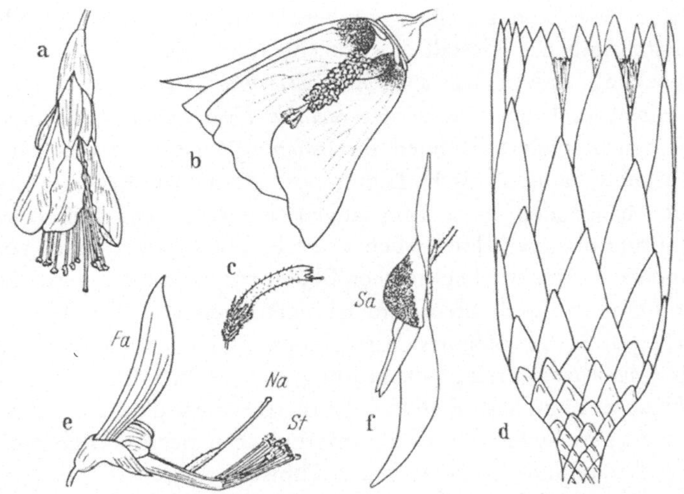

Abb. 73. Einige Bautypen von *Vogelblumen*, in natürlicher Stellung wiedergegeben. a *Hermesias latifolia*, b *Hibiscus tiliaceus* (nach Wegnahme der vorderen Kronblätter), c *Erica tubiflora*, d *Protea mellifera*, e *Erythrina indica* (= *variegata*, *Fa* Fahne, *Na* Narbe, *St* Staubblätter) und f *Clianthus Dampieri* (*Sa* Saftmal) (Nach E. WERTH, ¹/₂ d. nat. Gr. Alles Nähere im Text)

Nektarvögel (Nectariniidae), *Blumenpicker* (Dicaeidae), *Brillenvögel* (Zosteropidae) und *Kleidervögel* (Drepanididae) in den Tropen und Subtropen der alten Welt; und schließlich noch besonders die *Honigfresser* (Meliphagidae) und *Pinselzungen-Papageien* (Trichoglossidae) neben anderen in der australischen Region.

Die Formenmannigfaltigkeit der Vogelblumen. Die Vogelblumen besitzen hinsichtlich ihres *Aussehens* und ihrer *Bauart* eine *große Mannigfaltigkeit*, die an jene der Immenblumen erinnert (Abb. 73). Diese Vielfalt der Blumenformen ist dadurch möglich, daß die *hochentwickelten psychischen Fähigkeiten der Blumenvögel* eine geschickte Ausnützung feiner Einzelheiten des Blütenbaues und die Überwindung verschiedener äußerer Schwierigkeiten beim Blütenbesuch gestatten. Neben *radiär gebauten* (Abb. 73 a, b) gibt es auch sehr zahlreiche *zygomorphe Vogelblumen* mit vertikal gestellter Symmetrie-Ebene (Abb. 73 c, e, f), wobei die höchst angepaßten Blumenvögel geradeso wie die Immen beim Anflug und Besuch ihre Körper in diese Ebene einstellen. Häufig sind auch bei den Vogelblumen zahlreiche kleinere Blüten zu dicht gedrängten *Blütenständen* von kugeliger, körbchenförmiger (Abb. 73 d) oder bürstenähnlicher Gestalt zusammengefügt, die bei der Fern-anlockung der Vögel als *optische Einheit* wirken.

Hinsichtlich der Gestalt der *radiären Einzelblüten* sei zunächst auf den besonders häufigen *Becherblumentypus* hingewiesen, dem u. a. die südamerikanische Leguminose Hermesias (Brownea) mit ihren hängenden, etwa 6 cm langen schmalen roten Blüten an-gehört (Abb. 73 a). Ihre Besucher sind Kolibris. Der reichlich vor-handene Nektar wird bei solchen Blüten mit nach unten gewende-ter Öffnung durch besondere Einrichtungen vor dem Heraus-fließen und Abtropfen gesichert. Andere Blüten sind als Vertreter des *Glockentypus* breit glockenförmig, mit weiter Öffnung in ver-schiedener räumlicher Stellung. Als Beispiel diene die gelbe, schräg abwärts gerichtete Blüte der an den tropischen Meeresküsten häufi-gen „Strandlinde", der Malvazee Hibiscus tiliaceus (Abb. 73 b), die von verschiedenen Blumenvögeln besucht wird. Wieder andere Blüten sind als Angehörige des *Röhrentypus* verhältnismäßig eng röhrenförmig und oft in ihrer Gestalt der Schnabelkrümmung des Blumenvogels entsprechend, wie bei der südafrikanischen Erikazee Erica tubiflora (Abb. 73 c) die von Nektarvögeln bestäubt wird.

Besonders auffallend ist der *Pinselblumentypus.* Dieser zeigt uns Einzelblüten von pinselförmiger Gestalt, wobei sehr zahlreiche langstielige Staubblätter um den Griffel zu einer Art Pinsel zu-sammengefügt erscheinen. Als Beispiel seien die Arten der Gattung *Eucalyptus* (Abb. 72, S. 143) genannt, bei der die weißen oder roten Staubfäden der Blüte als Schaueinrichtung wirken. Die sehr hoch-wüchsigen Bäume dieser Gattung bilden ein Kennzeichen der Flora Australiens. Ein größerer Baum trägt oft hunderttausende von nektartriefenden Blüten, die hoch über dem Erdboden einer individuenreichen Vogelgesellschaft Nektar und Pollen bieten.

Pinselzungen-Papageien, Honigfresser und Brillenvögel teilen sich in die Bestäubung dieser Blüten, wozu sich auch noch andere Vögel, Fledermäuse und mausähnliche Beuteltiere gesellen. Die wenigen Insekten, die noch hinzukommen, spielen dabei gewöhnlich keine nennenswerte Rolle.

Bei dem radiär gebauten *Körbchenblumentypus*, der neben einigen Kompositenarten vor allem zahlreiche Blütenstände von Proteazeen enthält, sind die Einzelblüten zu oft sehr umfangreichen, in ihrer Bestäubungszone flachen und von lebhaft gefärbten Hochblättern umhüllten „Körbchen" dicht aneinandergereiht. Als Beispiel sei die südafrikanische Protea mellifera (Abb. 73 d) genannt, die wegen des großen Nektarreichtums ihren wissenschaftlichen Namen erhalten hat. Die Körbchen erreichen hier eine Höhe von etwa 11 cm und eine Breite von 5 cm. Die einander dachziegelförmig deckenden und die Blüten eng umschließenden Hüllblätter des Körbchens sind an der Spitze karminrot und an ihrer Basis gelblich, wodurch eine sehr wirksame Schaueinrichtung entsteht. Die schmalen Einzelblüten sind 8—9 cm lang und sie sondern in ihrer Gesamtheit so reichlich Nektar ab, daß er als menschliches Nahrungsmittel gesammelt wurde. Die Bestäubung wird von verschiedenen langschnäbeligen Nektarvögeln (Promerops- und Cynniris-Arten) durchgeführt.

Bei dem *Fahnenblumentypus* finden wir besonders bei Leguminosen nach dem Muster der sattroten Blüten des bereits vorhin besprochenen ostindischen Korallenbaumes (Erythrina indica) ein den übrigen Teil der Blüte überragendes kräftig gefärbtes Blatt, das von den Besuchern wie eine Fahne gesehen werden kann (Abb. 73 e). Es beteiligen sich aber auch die anderen Blütenblätter mehr oder weniger an der optischen Anlockung der Vögel. Bei Erythrina liegen die Staubbeutel und Narben nach dem Aufblühen vollständig frei. Anders verhalten sich die hochroten, von Honigfressern besuchten Blüten von Clianthus Dampieri (= Donia speciosa, Leguminose, Abb. 73 f) der in Südost-Australien heimisch ist. In einer solchen zum Aufsitzen von Insekten ungeeigneten Blüte bleiben die Narbe und der Pollen von den Blütenhüllblättern so lange umschlossen, bis sie von einem Blumenvogel vorübergehend freigelegt und an seinen Körper herangebracht werden. Dies geschieht folgendermaßen: An der stark gewölbten aufrechten

Fahne dieser Blüten zeigt sich auf rotem Grunde ein schwarzbrauner Fleck als Saftmal, hinter dem sich ein reichlicher Nektarvorrat befindet. Dringt ein Honigfresser von unten her mit seinem Schnabel zum Nektar vor, dann drückt er zugleich gegen das abwärts gerichtete Paar von Blumenblättern (Schiffchen). Dadurch wird wie bei verschiedenen immenblütigen Leguminosen der im Schiffchen angesammelte Pollen mit Hilfe einer Griffelbürste hervorgetrieben,

Abb. 74. *Spitzmaus-Langzungenvampir (Glossophaga soricina)* in Flugstellung. Die Daumenkralle des Flügels ist vorgestreckt ($^1/_2$ d. nat. Gr., nach O. PORSCH)

wobei er sich an der Kehle des Vogels anheftet. Zugleich kann der mitgebrachte Pollen an der Narbe abgestreift werden.

Diese Beispiele bilden nur eine sehr kleine und recht unvollständige Auswahl der bei den Vogelblumen auftretenden Blütenformen und Blütenleistungen.

2. Die Fledermäuse

Ernährung und Blütenbesuch der Fledermäuse. Daß sich unter den Säugetieren gerade die geflügelten kleineren Formen am ehesten zu Blütenbestäubern eignen, ist nach dem, was wir über *die Bedeutung des Flugvermögens für die Pollenübertragung* erfahren haben, ohne weiteres klar. Auch verstehen wir, daß die Fledermäuse den Weg zu den Blüten gefunden haben, weil bei ihnen, ebenso wie bei den Blumenvögeln, wahrscheinlich die *kombinierte Insekten- und Fruchtnahrung* die ursprüngliche Nahrung gewesen ist. Da neben anderen auch die blütenbesuchenden Insekten den Fledermäusen als Nahrung dienten, dürften diese Tiere bei der Insektenjagd in den Blüten auch den *Nektar* und seinen Nahrungswert

148

entdeckt haben. Bei den Fledermäusen konnte neben der vom Grün des Laubes verschiedenen Farbe auch ein den Früchten und Blüten gemeinsamer *Duft* die Brücke zwischen diesen beiden Nahrungsquellen gebildet haben.

In unseren Klimaten sind Fledermäuse an der Bestäubung nicht beteiligt. In den Tropen der Alten und der Neuen Welt gehören

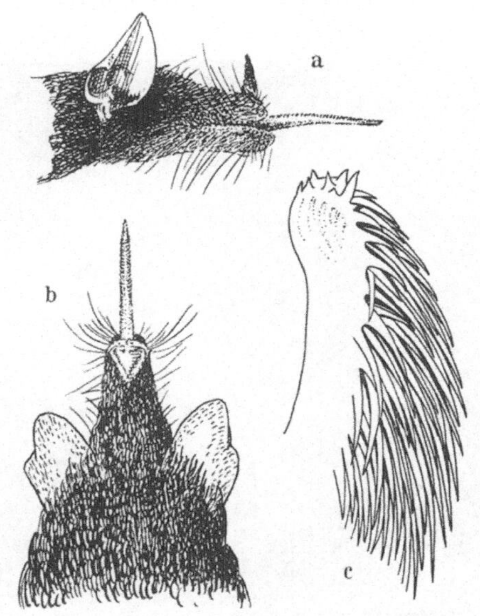

Abb. 75. *Spitzmaus-Langzungenvampir.* a Kopf mit vorgestreckter Zunge von der Seite, b von oben gesehen (nat. Gr.); c dessen Zungenende längs durchschnitten, an der Oberseite (rechts) dicht mit verhornten Borsten besetzt (etwa 25mal, nach O. PORSCH)

jedoch verschiedene Flattertiere zu den wertvollsten Blütenbesuchern. Allerdings betätigen sich die größten unter ihnen, die altweltlichen *Fliegenden Hunde*, die ganz zur Pflanzennahrung übergegangen sind, mehr als Zerstörer zahlreicher Blüten, denn als Bestäuber. Dagegen wurden in der Alten Welt die *Langzungen-Flughunde* (Macroglossinae) und in der Neuen Welt die *Langzungen-Vampire* (Glossophagidae, Abb. 74) zu wichtigen Überträgern des Pollens. Kennzeichnend für diese dem Nektarbezug hochangepaßten Tiere ist der *Bau der weit vorstreckbaren Zunge* (Abb. 75), die an jene der Pinselzungenpapageien erinnert, ferner die *Rückbildung des Gebisses*, das bei den unmittelbaren Vorfahren noch der Bewältigung ihrer Insektennahrung diente, sowie die *Rückbildungen im Verdauungstrakt*. Auffallend ist auch ihr ausgezeichnetes Orientierungsvermögen. Wie weit dabei neben dem Zurechtfinden nach dem Ultraschall, den die Fledermäuse für ihre Orientierung zu benützen pflegen, auch der Gesichtssinn und der Geruchssinn beteiligt ist, bleibt im Einzelfall noch zu untersuchen.

Abb. 76. *Fledermausblume*. Frische Blumenkrone des *Gewöhnlichen Kalebassenbaums (Crescentia cujete)*, weit offen für den Kopf des *Langzungen-Vampirs* (Ann. nat. Gr., nach O. Porsch)

Fledermausblumen. Die Blüten, die ausschließlich oder vorwiegend von Fledermäusen besucht werden, zeigen verschiedene Eigenschaften, durch die sie sich von anderen Blumen deutlich unterscheiden (Abb. 76). Die bisher als Bestäuber festgestellten Fledermäuse sind Nachttiere und es erfolgt ihr Besuch nur in der Dunkelheit. Die Fledermausblumen stehen dementsprechend diesen Tieren gerade bei *Nacht* offen und sie entwickeln erst dann ihren eigenartigen, starken, uns mehr oder weniger unangenehmen Duft. In derselben Zeit scheiden sie reichlich *Nektar* aus und die geöffneten Staubbeutel bieten ihren *Pollen* dar. Die Blütenhüllen bilden weit geöffnete *Glocken* mit verwachsenen oder getrennten Blättern, oft von heller Färbung, durch die sie in der Nacht leichter zu sehen sind. Doch gibt es auch dunklere, trübfarbige Fledermausblumen, die aber trotzdem von den nächtlich fliegenden Fledermäusen rasch und mit Sicherheit aufgefunden werden. Die Fledermäuse kommen an die Blüten herangeflogen und stecken ihren Kopf in die Blütenhöhlung hinein, während sie sich mit ihren Vorderbeinen an der Blütenhülle oder an anderen der Blüte benachbarten Teilen *festhalten*. Da dies mit Hilfe ihrer *Daumenkrallen* (Abb. 74) geschieht, findet man gewöhnlich am Morgen nach dem Fledermausbesuch an den kräftig gebauten Blüten zahlreiche *Stich- und Kratzspuren*, die von den Krallenspitzen der Fledermäuse herrühren (Abb. 77).

Als Beispiele hochentwickelter Fledermausblumen tropischer Bäume seien genannt: die Blüten des afrikanischen *Leberwurstbaums* (Kigelia), des amerikanischen *Kalebassenbaums* (Crescentia, Abb. 76, 77) und des ebenfalls amerikanischen *Kapokbaums* (Ceiba

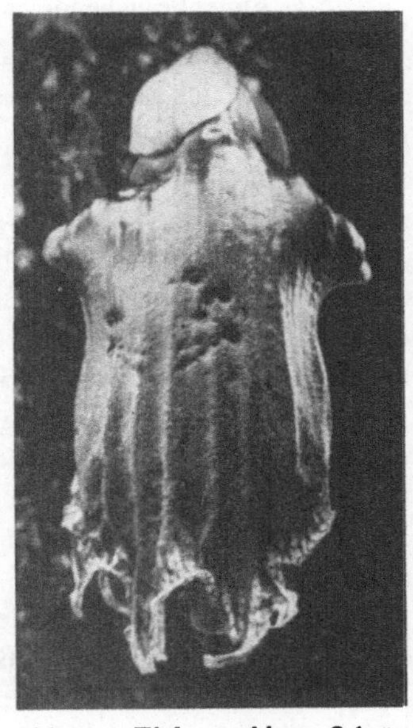

Abb. 77. *Fledermausblume.* Schräg vom Stamm abstehende Blüte des *Dreiblättrigen Kalebassenbaums (Crescentia alata)* am Vormittag nach einem nächtlichen Fledermausbesuch. Die schlaff herunterhängende, nunmehr geschlossene Blumenkrone zeigt Stiche und Kratzer der Daumenkrallen des *Langzungen-Vampirs* (Ann. nat. Gr., nach O. Porsch)

pentandra), der heute auch in den Tropen von Afrika und Asien als Kulturpflanze weit verbreitet ist. Abgesehen von so ausgesprochenen Fledermausblumen gibt es noch solche, an deren Bestäubung neben Fledermäusen auch Beuteltiere und verschiedene Blumenvögel beteiligt sind: so verhalten sich u. a. die bereits erwähnten Blüten von *Eucalyptus*. Sie stehen während der Nacht den Fledermäusen, Zwergbeutlern und Kletterbeutlern zur

Verfügung, worauf sich in den Morgenstunden die Blumenvögel bei ihnen einfinden. Fledermäuse und Blumenvögel besuchen nacheinander auch die Blüten mancher Bananenarten.

3. Blütenbesuchende Säugetiere ohne Flugvermögen

Es gibt in den Tropen zahlreiche auf Bäumen lebende *kletternde Säugetiere*, die sich den Nektar aus Blüten aneignen und diese dabei mehr oder weniger zerstören. Vor allem handelt es sich dabei um Tiere, die sich ihre Nahrung je nach ihrer Lebensweise bei Tag oder auch bei Nacht vorwiegend aus saftigen Früchten holen. Auch hier können wir annehmen, daß solche Tiere vielfach zunächst Blüten mit Früchten sozusagen verwechselt und dadurch die Brauchbarkeit bestimmter Blüten für ihre Ernährung entdeckt haben. Unter den *fruchtverzehrenden Blütengästen* befinden sich Tiere verschiedenster Körpergröße: Beuteltiere, Nagetiere, kleinere Raubtiere, Halbaffen und Affen. Man kann dazu im allgemeinen sagen: je größer ein Säugetier, desto weniger kommt es für die Bestäubung in Betracht. Von den so mannigfaltig ausgestatteten und in ihrer Individuengröße so sehr verschiedenen Familien der *Beuteltiere* sind deshalb gerade die kleinsten Tiere zu ausgesprochenen Blütenbesuchern und Bestäubern geworden: einige wenige Arten der besonders in Australien lebenden Familie der *Kletterbeutler* (Phalangeridae). Als nächtlich lebende Tiere ernähren sie sich von saftreichen Pflanzenteilen und von Insekten, aber ganz besonders gern von dem Nektar der Eucalyptus-Blüten. Geradeso sind auch verschiedene tropische *Hörnchen-Arten* (Sciurus u. a. unserem Eichhörnchen verwandte Gattungen) bei Tag häufig als Blütenbesucher und gelegentliche Bestäuber von Vogelblumen tätig, z. B. das *Dreistreifenhörnchen* (Funambulus tristriatus) auf den blühenden Bäumen von Erythrina und Bombax.

Rüsselbeutler und Zwergbeutler als Blütenbesucher. Kletterbeutler, die häufig Blüten besuchen und bestäuben, kommen in bestimmten Teilen Australiens, Tasmaniens und Neu-Guineas vor und sind dort regelrechte Blütenbestäuber. Die höchste Stufe der Anpassung an den Blütenbesuch zeigt der wegen seiner Vorliebe für Nektar von den Ansiedlern Südwest-Australiens als „Honigmaus" bezeichnete *Rüsselbeutler* Tarsipes spenserae (Abb. 78). Er übertrifft an Größe etwas unsere Hausmaus und sein

in einen Rüssel verschmälerter Kopf errinnert außerordentlich an
den einer Spitzmaus (Sorex). Beim Nektarsaugen wird von ihm
eine lange wurmförmig bewegliche und an ihren Rändern etwas

Abb. 78. *Australische Rüsselbeutler (Tarsipes spenserae)*, auf Zweigen der
Proteazee *Petrophila* sitzend. Das Tier links oben die ausgestreckte Zunge in
einen kleinen Blütenstand einführend ($^1/_3$, nach I. GOULD, aus O. PORSCH)

gezähnte *Zunge* weit vorgestreckt. Die Abb. 78 zeigt links oben
ein solches Tier, das sich gerade anschickt, aus einem kleinen
Blütenstand der Proteazee Petrophila den Nektar zu entnehmen.
In der Art der Nektaraufnahme ähnelt es bestimmten Blumenvögeln (Meliphagiden). Seine Lieblingsfutterpflanzen sind Arten

153

der Myrtazeen-Gattung Melaleuca und der Proteazeen-Gattung Banksia, die es nachts ausbeutet. Durch seine *schmale Schnauze* wird das Eindringen des Kopfes in verschiedene Blüten sehr er-

Abb. 79. Zwei *Zwerg-Flugbeutler (Acrobates pygmaeus)* auf einem blühenden *Eucalyptus*-Zweig sitzend. Der Rand der zusammengefalteten „Flughaut" ist als helles, eingekrümmtes Band an der Seite des Körpers zu sehen ($^1/_3$, nach I. GOULD, aus O. PORSCH)

leichtert. Daneben fängt es auch eifrig und mit großer Geschicklichkeit Insekten, deren weiche Teile es begierig verzehrt.

Die kleinsten blütenbesuchenden Säugetiere sind die beiden Arten der *Zwerg-Flugbeutler* (Acrobates). Die Körperlänge beträgt beim australischen Zwerg-Flugbeutler (Acrobates pygmaeus, Abb. 79) von der Schnauze bis zum Schwanzende nur etwa 14,5 cm. Er springt in den Eucalyptus-Bäumen mit großer Geschicklichkeit von Ast zu Ast, wobei ihm die zwischen Vorder- und Hinterbeinen ausgespannte Flughaut gute Dienste leistet. Er läuft ebenso gut auf der Oberseite wie auf der Unterseite der Äste und verdient deshalb wirklich den wissenschaftlichen Gattungsnamen Acrobates, zumal er seine Tätigkeit während der Dunkelheit ausübt. Bei dieser Behendigkeit vermag das Tier rasch hintereinander eine große Zahl von Eucalyptus-Blüten zu besuchen und zu bestäuben, wodurch innerhalb der Krone eines solchen Baumes zahlreiche Nachbarbestäubungen zustande kommen können.

Von Beuteltieren besuchte Blumen. Hinsichtlich der Ausstattung der von diesen Säugetieren besuchten Blüten ist hier nicht viel zu sagen. Da diese zugleich Vogelblumen sind, kommen ihnen deren Eigenschaften sehr zugute, besonders die große Menge des Nektars und die Festigkeit der Blütenteile und der Äste, aus denen die Blütenstände entspringen.

VI. Der Mensch als Bestäubungsfaktor

Seit der Mensch die Zusammenhänge zwischen Bestäubung und Fruchtbildung im wesentlichen richtig erkannt hat, bemüht er sich im zunehmenden Ausmaße, die Fruchtbildung der ihm wichtig erscheinenden Gewächse nach seinem Gutdünken zu regeln und, wenn nötig, die dazu erforderlichen Bestäubungen selbst durchzuführen. Nachdem man sich dessen bewußt wurde, daß uns die Honigbienen nicht nur den so sehr begehrten Honig zu liefern imstande sind, sondern daneben auch noch die Bestäubung zahlreicher uns wertvoller Pflanzen durchzuführen pflegen, lag es nahe, vor allem durch Vermehrung der Bienenstöcke in der Kulturlandschaft auch die Bestäubung solcher Pflanzen zu fördern. Bei diesem Bestreben begann man auch, Bienenstöcke vorübergehend dorthin zu bringen, wo die Anwesenheit der Bienen besonders notwendig war. Ja, man unternahm es, zur Steigerung des Fruchtertrages bei Gewächshauskulturen Bienenstöcke im Innern der Gewächshäuser aufzustellen und man hatte bei allen diesen Bemühungen den besten Erfolg. Letzteres geschah z. B. bei Gewächshauskulturen von Pfirsichen. Es war nach den neuesten

Erkenntnissen über das Sinnesleben unserer Honigbienen sogar
möglich, diese Tiere für den Blütenbesuch vorzubereiten, sozusagen zu erziehen, um den Bestäubungserfolg zu vergrößern. Es
wurden dabei die für die Bestäubung bestimmter Kulturpflanzen
in Aussicht genommenen Bienen einer Vordressur, z. B. auf den
Duft der Kleeblüten oder bestimmter Obstblüten-Arten, unter-
zogen, um den Tieren das Auffinden der betreffenden Blüten zu
erleichtern. Auf diese Weise wurde der Mensch indirekt zum
Bestäuber zahlreicher Blütenarten und die Honigbienen wurden
das Werkzeug seiner Bestäubungstätigkeit.

Als der Mensch daranging, wertvolle Kulturpflanzen von einem
Erdteil in andere zu verpflanzen, zeigte es sich bald, daß manche
dieser Gewächse nicht imstande waren, in anderen geographischen
Gebieten die Bestäubung durch die hier vorhandenen Tiere durchführen zu lassen, wenn die besonders angepaßten Bestäuber
fehlten. So mußten z. B. nach ausgesprochenen Mißerfolgen hinsichtlich der Samenbildung europäischer Rotklee-Pflanzen in Neu-
Seeland schließlich auch ihre „legitimen“ Bestäuber, die Hummeln
nachgesendet und dort zur Vermehrung gebracht werden, da sie
in der neuen Heimat bisher nicht vorhanden waren. Bei der Einführung der Feigenkultur in Kalifornien blieb ebenfalls der Erfolg
so lange aus, bis man, wie bereits früher dargelegt wurde, auch die
für die Bestäubung unbedingt erforderlichen Gallwespen dorthin
gebracht hatte.

In anderen Fällen hat der Mensch, wenn es ihm notwendig
erschien, die Tierbestäubung ganz durch die Tätigkeit der Men-
schenhände ersetzt. Dadurch wurde er zum unmittelbaren Bestäuber. Solches ergab sich z. B. für die Kultur der in Mexiko
beheimateten Vanillepflanzen (Vanilla planifolia), die wegen der
Kostbarkeit ihrer duftenden Früchte in den Tropen verschiedener
Erdteile versucht wurde. Da die in der Heimat vorhandenen natürlichen Bestäuber — es werden bestimmte Bienen und auch Kolibris angegeben — nicht durch irgendwelche andere Tiere der neuen
Heimat ersetzt werden konnten und die Einführung der früheren
Bestäuber sich nicht lohnte, mußte nun der Mensch die Bestäubung dieser Blüten selbst übernehmen. Die Blütenhülle beginnt
nach der künstlichen Bestäubung schnell zu welken und die Fruchtknoten entwickeln sich in einigen Monaten zur Vanillefrucht.

Ganz besonders wichtig war die unmittelbare Übernahme der Bestäubung durch den Menschen, wenn es sich um die Züchtung neuer Kulturpflanzen handelte. Das gilt ebenso für Obstpflanzen, wie für Getreidepflanzen, Gemüsepflanzen, technisch wichtige Gewächse und nicht zuletzt für die Erzeugung neuer Blumensorten. Solche „Neuheiten" werden besonders auf dem Wege der Kreuzung bereits vorhandener Sorten erreicht. Die meisten der neuen Kulturpflanzen sind demnach mehr oder weniger komplizierte Sortenbastarde (Rassenmischlinge). Bei den Kreuzungsversuchen ist eine Fülle biologischer und technischer Einzelheiten zu berücksichtigen, die nur einem erfahrenen Züchter zur Verfügung stehen.

Durch solche Bemühungen des Menschen können nicht nur Pflanzen derselben Gegend untereinander gekreuzt werden, sondern auch Pflanzen aus weit entfernten Ländern und Erdteilen. Auf diese Weise sind z. B. die zahlreichen wegen ihrer herrlichen Blüten und prächtigen Blätter bewunderten Schiefblatt-Pflanzen (Begonien) durch Kreuzung von Arten aus aller Welt entstanden.

Diese Fülle von wertvollen „Neuheiten" kann aber in den meisten Fällen nur dann für längere Zeit erhalten bleiben, wenn ihre Fortpflanzung nach ihrem Entstehen ungeschlechtlich, also ohne Bestäubung und nicht durch Samen erfolgt. Alle von solchen Pflanzen erzielten Samen sind nämlich wegen der Bastardnatur der Eltern nicht imstande, deren Eigenschaften unverändert weiter zu entwickeln. Die Vermehrung geschieht deshalb nur durch irgendwelche Ableger, das ist durch Teile von Sprossen, die von der erwachsenen Pflanze abgetrennt und entweder im Erdboden eingesetzt oder auf verwandte Pflanzen aufgepfropft werden, wie dies z. B. bei den komplizierten Sorten unserer Obstbäume geschieht.

Diese wenigen Hinweise mögen dem Leser zeigen, daß der Mensch heute tatsächlich schon zu einem Bestäubungsfaktor ersten Ranges geworden ist, der die Zusammensetzung der Pflanzenwelt unserer Erde durch die Züchtung und Vermehrung neuer Pflanzenformen andauernd verändert.